皮革服装设计

内 容 提 要

　　本书对皮革及仿皮革的起源和历史演进、皮革和仿皮革的设计和制作、皮革的鞣制过程、皮革的保养和清理进行了详细的阐述，可启发设计师从研究到实施的创作灵感，是一本实操性极强的书籍。书中漂亮的皮革时装设计配以精美的插图，来说明制作不同类型皮革服装的过程，是一本适合学生和专业人士使用的好书。

原文书名：LEATHER FASHION DESIGN

原作著名：Francesca Sterlacci

Text © 2010 Francesca Sterlacci

Translation © 2013 China Textile & Apparel Press

This book was designed, produced and published in 2010 by Laurence King Publishing Ltd., London.

本书中文简体版经 Laurence King Publishing Ltd. 授权，由中国纺织出版社独家出版发行。

著作权合同登记号：图字：01-2010-5893

图书在版编目（CIP）数据

　　皮革服装设计 /（美）斯特拉奇著；弓卫平，田原译 .— 北京：中国纺织出版社，2013.3

　　（国际时尚设计丛书 . 服装）

　　ISBN 978-7-5064-9490-8

　　Ⅰ .①皮… 　Ⅱ .①斯… ②弓… ③田… 　Ⅲ .①皮革服装 – 服装设计　Ⅳ .① TS941.776

　　中国版本图书馆 CIP 数据核字（2012）第 295637 号

策划编辑：向映宏　华长印　　责任编辑：杨　勇　　版权编辑：徐屹然

责任校对：余静雯　　　　　　责任设计：何　建　　责任印制：何　艳

中国纺织出版社出版发行

地址：北京东直门南大街 6 号　邮政编码：100027

邮购电话：010—64168110　传真：010—64168231

http ://www.c-textilep.com

E-mail：faxing@c-textilep.com

北京雅迪彩色印刷有限公司印刷　各地新华书店经销

2013 年 3 月第 1 版第 1 次印刷

开本：889×1194　1/16　印张：11.5

字数：261 千字　定价：69.80 元

国际时尚设计丛书·服装

2007年，乔丹·贝滕（Jordan Betten）用牛皮绒革为他的摇滚明星客户设计制作的手绘和手工饰边的喇叭裤。

皮革服装设计

[美] 弗朗西斯卡·斯特拉奇 著

弓卫平 田原 译

中国纺织出版社

序

在众多需求中，安全、食物和住所是人类生存必须满足的最基本需求。几千年来，我们已经证明，我们有足够的智慧，以远高于这个星球任何其他物种的方法满足了这些需求。兽皮，这一早期人类茹毛饮血的副产品，被开发制作衣着面料，为保护人类抵御风寒起到了重要的作用。纵观几千年，被选用做服装的原料很多，有天然的，也有人造的。然而，只有一种原料跨越历史，一直沿用至今，那就是皮革。几千年来，改变的只是制作皮革的过程和可用兽皮的种类。

正如人类走出洞穴和栖身之所的原始模式一样，我们也把带毛的兽皮去毛然后开始鞣制、裁剪、定型、缝制成衣服。人类社会不断进步，需求也随之提高。此时求同，彼时求异，这种心理需求时而把我们推向这边，时而又引向那边。结果是，服装成了一种可运用的工具，能使我们看上去完全一致，或略有不同，或大不相同。这就为时装的发展埋下了种子。服装成了区别我们自己与别人有多么不同，或者与别人相同而聚集在一起的依据。也许穿着庞大的羊毛斗篷曾经是地位的象征，而今天已经让位给普拉达（Prada）手袋或古琦（Gucci）的平底便鞋。

多少世纪以来，皮革一直是迷人的诱惑，也是彰显尊贵的标志。"真皮"一词昭示着品质，与之相关的还有精细的工艺和华美的鞣皮，这就使得皮面装订书、皮包、公文包或皮衣制品成为人们极欲渴求之物。

《皮革服装设计》是现有题材最完整的教科书，它对皮革悠久的历史和用途提供了深刻而全面的看法。这本书对制革过程的描述极其详尽，且浅显易懂。本书有关技术的指导对于学生和本行业专家都将非常实用。

珍妮特·诺斯特（Jeanette Nostra）总裁和卡尔·卡兹（Carl Katz）董事
美国吉斯瑞皮衣有限公司

前一页：失传艺术设计家乔丹·贝滕
创造的具有独特风格的皮革制品——
他的书桌是一个集中引发灵感的宝物
收藏地。

前言

　　我写这本书的目的是为了对皮革和仿皮革服装设计提供真正综合性的指导。目标读者是当今从事服装行业的专业人士以及教师、学生和具有基础缝纫技能的家庭缝纫者，以及任何对皮革制作感兴趣的人。

　　无论读者是对皮革及仿皮革的起源和历史演进感兴趣、对皮革和仿皮革的设计和制作感兴趣、对皮革的鞣制过程感兴趣，还是只对皮革的保养和整理感兴趣，本书都可以作为行业标准的参考书。

　　我写这本书是因为我在纽约时装技术研究院的学生和其他一些院校的学生表达了想了解更多关于皮革服装设计的浓厚兴趣。我发现，对于认真设计的学生或已经在皮革行业领域工作的专业人员，迄今为止还没有一本针对这个课题进行指导的书籍，这令我十分吃惊。

　　世界上第一门皮革服装设计的课程是1997年在纽约时装技术学院开办的。《皮革服装设计》不仅专门为这门课程而写，也可用于全世界的服装院校。我希望更多的设计院校认为这本书是他们开办首届皮革课程所需要的工具书。

　　《皮革服装设计》同样也是皮革服装生产商可利用的资源，他们可以用这本书，培训他们的新雇员，使其在行业术语、工艺、保养与销售皮革服装等方面具备良好的素养。本书有一个章节详尽无遗地描述了皮革发展史，并附有从史前直至今天的许多给予灵感的皮革彩色图片，通过一系列照片和文字来说明皮革服装设计跨时代的变迁。此外，读者还可以熟悉本行业中过去和现在有影响力的设计师。

　　本书用非专业的语言讲述了皮革鞣制的过程，也向读者介绍了皮革服装行业常用的专业用语；描述了世界上可以买到的各种各样的皮革；列出了各种皮革特性、尺寸和用途的权威性索引，其中包括鱼一类的罕见皮。学生也许会对现有皮革的数量之多感到吃惊。读者了解这些，有助于为特定的设计选择合适的皮革面料。本书也详尽地讨论了如何对皮革合理选择和处理。

　　读者还将全面地了解设计的过程——从创意研究到推销计划过程能启发设计师的创作灵感。本书将指导读者如何组织和策划服装发布会，讲解了设计、编辑和推销设计的全过程，以及如何最好地利用主题板/表情板和款式板将其展示给客户、同事或老板。书里提供了一个大皮革生产商使用主题板和款式板的实际案例。

　　本书还讲解了如何填写和使用设计/规格单，并提供了真实的生产商的设计/规格单的汇编。

　　此外，本书用皮革服装行业通常使用的方法，对皮革服装的缝纫技术给予指导。其实，这些按步骤的指导全部来自一家皮革服装厂的真实照片，之后为清晰起见改制成图片。这些缝纫指导以三种不同的服装为例：衬衫、裤子和夹克。具备缝纫这些服装应有的技术，就能够制作任何皮革服装。

你也将了解仿皮革和仿绒革的知识，对从1971年超麂皮到今天的仿皮革一系列的照片进行了说明，也涉及了如何裁剪、缝制和保养这种日益流行的仿皮革面料。

皮革产业研究实验室前技术主管富兰克•H. 拉特兰（Frank H.Rutland）对"皮革的缺陷"一章中大部分关于皮革测试的论述做出了贡献。这一章详细地描述了很多最常见的问题，并提出了解决这些问题的实用方法。

本书还涉及如何保养和清洗皮革和皮革服装的知识。

弗朗西斯卡•斯特拉奇（Francesca Sterlacci）

目录

法国设计师让·克劳德·吉特罗斯（Jean Claude Jitrois）为 2008 年秋冬季时装展设计了这款橘黄色套裙。

第 1 章
皮 革

皮革的历史丰富多彩。自从人类发现如何加工皮革，并利用它独有的防护性能以来，它就一直是我们所有衣服中的最爱。在这一章里，我们将探讨皮革在服装与时装中，从最早的起源到今天成为 T 型台上高级时装面料所起的作用。

简介

皮革一词意味着奢华、梦幻、痴迷、柔美与欲望。从古至今，皮革已在我们内心积聚起独特的情感。无论是它天然的美色、有趣的粒纹、华贵的质感，还是它醉人的香气，对我们都有一种魂牵梦绕的诱惑。皮革总能触动我们的心绪，诱发出我们莫名的原始冲动。

从简陋的遮体之物到高档时装店里的高级时装，皮革制作早已被看做是一种艺术形式。但它一直以来也饱受争议和质疑。在有些文化中，皮革制作是生命、复苏，甚至是活力的象征，而在另一些文化中，它被看做不纯洁的、邪恶的。有些设计师因为皮革的品质、舒适性与耐久性而对它青睐有加，而另一些设计师则会联合抵制，宁可选用人造皮革来替代。由于我们大多数人穿不起皮衣，只能把皮革穿在脚上，这样就保证了皮衣在高贵与特权领域中的地位。

尽管大多数人迷恋皮革，却完全不知道皮革是如何制成的。然而，无论是铬鞣制、植物鞣制，还是在新型的正规制革厂加工出来，皮革都是一种值得研究的优质服装面料。我们生活在一个技术的时代，但是鞣革和制作皮衣的过程，还像古时候一样，需要大量的手工技能。在设计和制作皮革服装时所涉及的复杂的鞣制技术和特殊的技巧，让人觉得皮革应该物超所值。这个过程繁复而耗时，每张皮革到达消费者手里之前，至少要经过 25 个人的加工。服装史上还没有任何其他面料能与之相比。

皮革是一种象征。它代表着叛逆，这一点可以由《飞车党》(*The Wild One*) 里的影星马龙·白兰度 (Marlon Brando) 穿着 20 世纪 50 年代的摩托皮夹克体现出来，以后，这种夹克又被 20 世纪 80 年代和 90 年代的朋克摇滚歌手配上了金属饰钉和饰链。20 世纪 60 年代末期和 70 年代，摇滚传奇猫王，埃尔维斯·普莱斯利 (Elvis Presley)、吉姆·莫里森 (Jim Morrison) 和米克·贾格尔 (Mick Jagger) 穿的紧身皮牛仔裤，如今已经发展成了充满性感的弹力皮裤。曾经作为牛仔和美洲印第安人装束的绒面革加穗夹克，成为 20 世纪 60 年代反体制嬉皮士的标志。在第一次世界大战和第二次世界大战期间，穿着皮制的飞行员夹克，象征着他们是久经沙场的老兵和英雄。

皮革是一种信仰。希腊的大祭司睡在兽皮上才能进入先知先觉的梦境。古埃及人为了驱魔用皮革裹身下葬。北美印第安女孩如今依然穿着鹿皮做的裙子"迎接成年"，庆祝自己长大为成年女子。在阿尔及利亚，有一种称为羊羔盛宴的出生典礼，庆生仪式中一项内容便是用一张新屠宰的羊羔皮把新生儿包裹起来。

皮革是一种保护。从简陋的遮身物到复杂的胸甲和盔甲，皮革抵制了来自自然环境和敌人两方面的侵害。皮革无论做成美国牛仔、西班牙骑手和地狱天使自行车手的皮裤，还是做成飞行员的皮夹克，其耐久性、实用性和透气性都非常好，穿着进行牛仔竞技就像在 T 型台上表演一样舒适。

皮革是一种性感。让－保罗·高缇耶 (Jean-Paul Gaultier) 为麦当娜 (Madonna) 设计的皮质紧身褡和蒂埃里·穆勒 (Thierry Mugler) 设计的著名带衣领束身衣都凸显了女性性感的轮廓。同样，皮革被看做是具有诱惑力的材质，是力量与顺从的象征，这一点被《黑客帝国》(*The Matrix*) 里女主角穿的紧身连衣皮裤和《O 娘的故事》(*The Story of O*) 中女性施虐狂穿的全套皮革服装展露无疑。克洛德·蒙塔 (Claude Montana)、杰尼·范思哲 (Gianni Versace) 和阿瑟丁·阿拉亚 (Azzedine Alaia) 都运用皮革设计塑身裙、紧身夹克和皮裤，用以展示和强调女性的形体魅力。

没有任何其他面料像皮革具有如此多的功能，尽管善待动物组织 (PETA) 竭尽全力，似乎也无法将它拉下王位。皮革将永远在时装业中占有一席之地，就如同人类诞生以来它就在历史中占有一席之地一样。

今天的皮革和服装业

今天，在全球 2000 亿英镑 (3200 亿美元) 的服装业中，皮革业占有 300 亿英镑 (500 亿美元)。全世界都在生产皮革服装，意大利的皮革服装最好，中国制作的皮革服装最多。从设计师到量入为出的消费者，各个层面的市场都需要生产皮革服装。

许多顶级的设计师，包括拉尔夫·劳伦 (Ralph Lauren)、卡尔文·克莱恩 (Calvin Klein)、范思哲、唐娜·凯伦 (Donna Karan)、古琦、夏奈尔 (Chanel) 和克里斯汀·迪

前页整版照片：1992 年，杰尼·范思哲设计的镶嵌珠饰的紧身皮革胸衣，表现了皮革惊艳的雕塑能力。

奥（Christian Dior），无一例外都在时装展上展示了皮革服装。虽然有人说皮革流行的周期是每三年一个高峰，然而，商场里一年到头都能看到皮革服装。无论皮革价位的高或低，都能吸引顾客，任何其他的面料无法与之相比。

便宜的皮革为普通人提供了拥有皮衣的可能，而质量较好的皮革仍然是奢华的标志。皮衣的价格差别很大，一条猪皮裤35英镑（60美元），而羊皮裤价格达到1200英镑（2000美元）。有意思的是，有些追求设计师品牌的顾客，通常会对已经降至廉价市场的款式视而不见。但如果是皮革服装，她们就不会介意。不管怎样，皮革服装的生命力在时装范畴内经久不衰。

在21世纪的第一个十年里，那些20世纪80年代和90年代追逐名牌的顾客逐渐远离热销的服装。一件享有盛誉的产品或一个贴在商品上的设计师标志已经不再能确保销路。顾客在做决定的时候更加理性，不管是什么品牌，重要的是商品本身的货真价实。设计师和制造商比以往更加重视质量和设计。他们知道，今天受过教育的顾客能够辨别质量的优劣、识别商品的材质和做工的水平。皮革具有高档次面料的声誉，这也就是为什么众多设计师选择皮革的主要原因，即使他们过去从没有用皮革设计过服装。

同时，制革厂也在实验不同的加工程序和染料，以便使制成的皮革更诱人、更独特。像激光裁剪、刺绣和压纹等特殊处理提升了装饰风格，而皮革的金属涂层则突出了条纹效果和图案冲压。另外，皮革现在能够水磨出一种柔软的、皱纹的效果。皮革衣服开始使用能够机洗并烘干的皮料，并运用特制的衬里使皮衣既有弹性，又不易变形，这种实用又耐穿的特性受到用户的热赞。

制革厂曾经努力把皮革做得更像布料，而现在的趋势是要使皮革看上去更具天然特质，尤其是通过使用旧式的植物鞣制技术做到这一点。虽然最近引入了铬鞣制，这意味着化学制剂处理的皮革价格只有植物鞣皮的一半，但是植物鞣皮带来的细腻触感无法被替代。植物鞣制的皮革更密，不容易变形，也更耐久，使用含羞草或白坚木的天然丹宁汁鞣革，还能产生一种淳朴的味道。

在这个具有环保意识的时代，一些设计师，比如，斯特拉·麦卡特尼（Stella McCartney），联合抵制皮革；另一些设计师喜欢植物鞣制的皮革，而不喜欢铬鞣皮。意识的转变导致化学染料改进得更为环保，同时加强了对鞣革废料的合理处置，从而使得铬鞣皮的加工过程更契合环保理念。

1995年，法国设计师琼·克劳德·杰特里（Jean Claude Jitrois）与杜邦特·内莫尔（DuPont de Nemours）联手研制出弹力皮革，他们自此不断扩大对皮革物理性能的研究。

各个时代的皮革

我们不知道哪一位祖先发明了鞣制皮革的方法——保存和软化动物毛皮，与食物保存一样，兽皮的保存无疑是人类历史中最重要的发明之一。

我们的祖先学会了用盐腌、烟熏和风干的方法保存食物，然而这些方法都不能使动物的毛皮适于做成舒适的衣服。用手摸一张干燥的动物皮，就像摸一块木板。也许经历了多次尝试与失败之后，有一个人碰巧通过把动物皮风干，然后与树皮一起煮，再用新鲜的动物油脂打磨，并不停地揉搓，直至变得完全柔软为止，由此制成了第一张真正鞣制过的可保存的兽皮。这个最初的制革匠可能也发现，既然水和油不相融，那么柔软的、稍加油脂的皮革也能防水。

制作保暖服装的需求可能最初缘自北欧寒冷的气候。据信，穴居人在肩膀上裹着兽皮，还用粗糙的绳子把兽皮系在胸前或头上，这一点可以从岩洞的壁画得到证实。根据最新的对于人体虱子进化的 DNA 基因的研究，人们相信，人类在大约 42000 ～ 72000 年以前就开始穿衣服了，因为人体虱子只在人身上有遮盖物时才会存在。可以设想，这些遮盖物多半是用兽皮做成的。

克鲁马努人大约在 4 万年前移居欧洲，他们穿的衣服也许更考究：用动物皮毛做成线，再用骨针在衣服上缝花边。现代考古已发现了这种骨针。我们甚至有证据证明，人类早在 20000 ～ 26000 年前就迷恋时尚的服饰。在俄罗斯北部莫斯科附近挖掘出来的人体骨架上覆盖着几千个排成图案的猛犸象牙珠，可以看出，这些珠子是用手工缝在如今已经腐烂的像是皮革做成的衣服上。然而，最早留存下来的皮制衣服仅能追溯到公元前 3300 年，那是一条系在一具名叫奥兹冰人身上的缠腰带，这具干尸是 1991 年在意大利阿尔卑斯山冰川上被发现的。

由于岁月的侵蚀毁坏了大部分祖先穿在身上的服饰，所以我们只能依靠最初的文字和原始艺术记录来寻觅皮革在服装史上的贡献。

中东

在美索不达米亚，公元前的某个时期，比如说第五个千年和第三个千年之间，苏美尔人用兽皮缝制了女式服装。我们是从他们画在瓮或其他器皿上，以及壁画上所描写的故事中知道这些的。皮革上的颜色表明，他们在鞣皮的过程中使用了有机染料。可以肯定，古埃及人在使用矿物、植物和油脂鞣制皮革的各种方法上都有高超的技能。人们在公元前 3000 年建造的金字塔里发现了人工皮革制品。由此得知，与埃及的法老穿的是皮质的便鞋。我们也知道，他们还穿皮革做成的衣服。古埃及第 18 王朝时期（公元前 1580 ～前 1350 年），一名工匠

壁画使我们看到了最早的鞣制皮革的场景。新王国第 18 王朝时期，在卢克索底比斯附近的古墓里古埃及工匠为法老制作皮鞋。

穿戴的瞪羚皮缠腰带几乎完好地保存了下来，如今在美国波士顿美术馆里展出。

《旧约全书》多处涉及皮革，书中还记载了希伯来人用橡树皮鞣皮的过程。巴比伦的腓尼基人是伟大的航海家，他们穿越地中海进行皮制品贸易。他们使用过的一种红色染料今天仍然被叫做腓尼基红。

远东

古代中国人利用皮革制作出装饰精美的盒子、屏风和柜子。他们最早使用的制革方法包括烟熏和盐腌的过程，后来由一种动物体内的油脂、骨髓和动物脑的系统所代替。

欧洲

1873年，在意大利南部的庞贝废墟中发现了一个制革厂，从中发现的证据证明，古罗马人制作过皮鞋、皮衣和各种皮制装饰物。生活在公元前750～前500年间的伊特鲁里亚人将制革技术传给了古罗马人，古罗马人进一步提高了工艺，最后创立了一个制革工人行会。最初，士兵们用皮革做成盾、胸甲和便鞋，但是当他们在欧洲北部的严寒中与日耳曼游牧部落作战时，发现这些部落的人全身都穿着皮制的服装。他们如法炮制，返回古罗马时穿上了一种叫做马裤的宽松皮裤。

随着人们制革技能的提高，各种各样的皮革制品也越来越多。8世纪时期，在西班牙占据统治地位的摩尔人发明了一种制革的方法，生产出了著名的科尔多瓦皮革，也被称做西班牙皮革。如今，这种鞣制后的柔软的山羊皮被染成各种颜色，还经常洒上香水。15世纪时，这种皮革在全欧洲都很流行，许多家庭用非常细腻的西班牙皮革做墙帷和室内装潢，还用它来做书皮、马甲和夹克。其中一些物品还经过手工油漆、刻花或镶嵌上金银。

在欧洲各处，有很多关于制革厂与其他行业互相依存一起发展的事例。意大利的索洛弗拉市如今因拥有许多优秀的皮革厂而著称。然而，这个城市最初以生产金箔而出名，这种金箔在15世纪被用于建筑物装饰以及室内装饰。

为了制作金箔，工匠要用人锤垫着厚厚的皮垫把金锭敲打成极薄的薄片。由于皮垫子常年受到重击，工匠必须频繁地加以更换。起初他们只能花大价钱买入这种皮革，后来他们开始自己鞣制皮垫。其中不少人做起了副产品交易——出售皮鞍、皮鞭和皮靴等。

当意大利和欧洲不再流行金箔装饰时，那些以金箔为生计的工匠家庭只得另辟蹊径，转而做专门的鞣革工作。今天，索洛弗拉市已经没有人制作金箔，而成了200多位制革工人的家园。

法国让我们看到了另一个制革业与其他工艺相辅相成的例子。17世纪，法国的贵族喜欢戴皮革长手套和分手指的手套，但是鞣皮过程会使手套上留下一种难闻的气味，于是法国人往手套上喷洒香水。由于所有的制革厂都建在法国南部，香水制造商经常前往那里出售他们

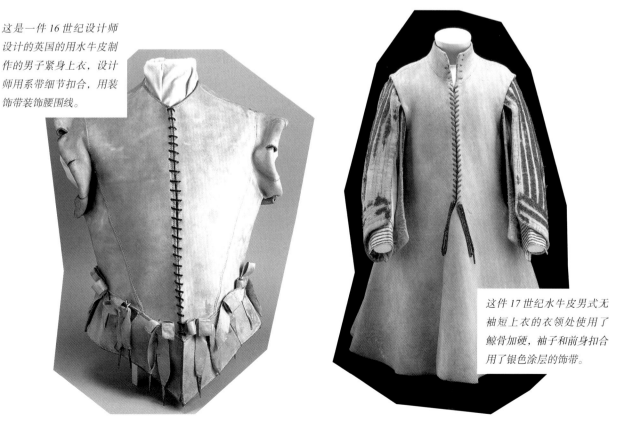

这是一件16世纪设计师设计的英国的用水牛皮制作的男子紧身上衣，设计师用系带细节扣合，用装饰带装饰腰围线。

这件17世纪水牛皮男式无袖短上衣的衣领处使用了鲸骨加硬，袖子和前身扣合用了银色涂层的饰带。

的产品，最后，他们干脆在那儿建立起了自己永久性的香水产业。虽然后来制革厂从那里迁出了，但是香水业却仍然集中在法国南部的格拉斯城。

在欧洲各地，皮革除了制作时兴的长手套和分手指的手套，也开始流行于制作服装。16～17世纪的英国，就像古罗马时代一样，为工人或士兵制作防护皮服。

南美洲

在欧洲皮革鞣制技术和设计方面取得进步的同时，阿芝特克、玛雅和印加文明也在皮革的使用上取得进展。他们的衣服是用当地动物（如公羊、水牛和鹿）的毛皮制成。

北美洲

当第一批移民来到这个新世界的时候，他们带去了自己的制革方法。他们的技术随着北美原住民制革技术——包括油鞣革——的提高也得到加强。北美洲原住民用皮革制作圆锥形帐篷，并用珠子、羽毛、豪猪的刚毛和骨头装饰衣服和软皮平底鞋。有时他们会在皮革上绘制著名的战争场景。

到了17世纪末期，早期美洲殖民地都建起了制革厂。美国西部的早期移民效仿美国原住民，穿戴起了带有穗饰的鹿皮夹克、马甲、皮套裤、皮靴和长手套。有时他们戴的帽子也是皮革制作的，或者是带有皮革做的配饰。

19世纪的欧洲和美国

在19世纪工业革命时期，美国的化学家奥古斯都·舒尔茨（Augustus Schultz）发明了使用铬盐鞣革的更新、更快的方法。鞣制一张皮革，用这种新方法只需要几个小时，而以前需要几周甚至几个月的时间。在美国和欧洲，工程师们为了提高制革的效率发明了专用机器。1809年，一种剖皮机获得了专利，这种机器可以把皮革分离成任何理想的厚度。

这件南方夏安族或者南方阿拉帕霍部落的女式鹿皮裙表明，美洲原住民早就具有丰富的鞣皮知识。裙子采用玻璃珠、贝壳、棉布、腱线做装饰。它的独特之处在于，裙子是奶油色的，在一件服装上做出了不相同的颜色。

当女孩到了青春期的时候，梅斯卡莱罗阿帕奇部落会举行为期四天的成年典礼，庆祝天地造物，并表达他们对女性的崇敬。这种20世纪初期表示成年的斗篷和裙子是用鹿皮制作的，装饰有浓密的串珠流苏和珠绣。

在印第安战争期间，阿帕奇人从1871～1923年在美国军队服役，做侦察员。由于从未配发给他们制服，于是他们设计了自己的制服。这是19世纪末他们的上衣，用鹿皮制作，采用了神圣的颜色——黄褐色，并装饰有几排纽扣、流苏和珠绣。

美国的先驱妇女卡拉米提·简（Calamity Jane），（1852～1903）穿着一件带流苏的皮夹克和皮裤。

紧身胸衣，或按过去的叫法——束胸，是由15世纪女式礼服硬挺的紧身围腰发展而来。我们今天所熟悉的衣形来自于19世纪20年代。紧身胸衣可由各种面料制作，包括皮革。皮革可以做成结实的衬底。这件1883年的英国红色棉胸衣使用了黄色皮革和加固用的鲸骨。

20世纪

　　在 20 世纪初期，随着敞篷汽车的出现，有钱的开车人穿起了皮质的长摩托车外套来抵御风寒和灰尘。他们也会穿因英国军官穿过而流行的皮风衣。皮革和绒面革也用来制作男式的运动服。20 世纪 30 年代，皮革和绒面革成了设计师们最喜欢的面料，从头到脚都有了皮革制品。这时候，皮革不仅仅实用，而是真正走入了时尚。

这件 1928 年制作的高尔夫夹克为那些沉迷于运动的人提供了保护。

英国女演员兼导演艾达·卢皮诺（Ida Lupino）戴了一顶仿麂皮帽，穿着衬衫裙套装，20 世纪 30 年代，这种套装流行一时。

20 世纪 20 年代中期，斯科特兄弟公司是第一家将拉链应用于夹克的生产商。这个应用使户外的衣服发生了革命性改变。布鲁斯克摩托皮夹克的名字就是以设计师、制造商欧文·斯科特（Irving Schott）最喜欢的香烟的名字命名的。这种夹克于 1928 年面世，20 世纪 40 年代走俏。这件衣服因每边肩上有一颗星而称为"一星"款式。

20 世纪 40 年代美国战斗机飞行员穿的全套飞行员皮夹克和皮裤防护服。

邦尼·卡希是蔻驰（Coach）的第一任设计师。这三款彩色皮衣成了她的商标。

1940～1950年

20 世纪 40 年代和 50 年代，皮革服装在颜色和款式两个方面有了长足的发展。

直到 20 世纪 40 年代初期，无论男服还是女服，使用的皮革颜色都是以黄褐色、黑色、铁锈色、褐棕色为主。然而，鞣革加工的进步使得皮革可以染成更鲜艳的颜色，如红色、绿色和黄色，设计师开始充分利用生产多色衣服的机会。20 世纪 50 年代末期和 60 年代初期，设计师们继续尝试新的皮革颜色。邦尼·卡希（Bonnie Cashin）是第一位大量使用皮革和绒面革设计的美国设计师，她对诸如粉红色、红色和深黄色等颜色的运用改变了皮革工业。

20 世纪 40 年代和 50 年代也是"飞车党"皮夹克时代。黑色皮革摩托夹克——布鲁斯克男式黑皮夹克——是美国斯科特兄弟公司（Schott Bros）于 1928 年最先推出，但是直到 20 世纪 40 年代末当它成为叛逆和自由的象征时才流行开来。这种夹克最初是用马皮制作的，并因马龙·白兰度主演的电影《飞车党》（1953 年）而大受欢迎，但它仍然是"叛逆时装"的标志。多年以来，它始终被看做电影中的招牌服装，比如詹姆斯·迪恩（James Dean）1955 年主演的《天生叛逆》（Rebel without a Cause）和 1969 年的《逍遥骑士》（Easy Rider）。詹姆斯·迪恩 1955 年遭遇车祸去世时穿的就是一件布鲁斯克男式黑皮夹克，这之后，许多年里学校都禁止学生穿这种衣服。这种黑色摩托皮夹克很多年里一直让人联想到 20 世纪 60 年代末期和 70 年代早期的硬摇滚和朋克摇滚，"地狱天使"摩托车俱乐部的成员把它作为"制服"。

20 世纪 40 年代，另一种流行的夹克款式是飞行员夹克，这种式样是受到布鲁斯克男式黑皮夹克的启发，为美国航空特种部队制作的。第二次世界大战期间，甚至顽固的陆军司令官，包括巴顿将军也穿这种夹克。飞行员夹克的式样至今仍然与众不同，它一直为穿着者打造独特的形象。

20世纪60年代，皮革设计进入鼎盛时期，风靡世界。在美国，邦尼·卡希继续以她的皮革与织物结合的整体效果保持前卫；欧洲的设计师，比如莲娜·丽姿（Nina Ricci）、曼努埃尔·珀特加兹（Manuel Pertegaz）、鲁迪·热里格（Rudi Gernreich）和伊夫·圣·洛朗（Yves Saint Laurent）已经使用皮革制作精美的高级时装。与此同时，在嬉皮士运动的助推下，大量的皮衣涌入市场。小服饰精品店兴旺一时，主要出售手工缝制的皮衣，以及带有流苏、珠子、穗带、手工花边和手绘的配饰。

1964年，莲娜·丽姿设计了这款及地皮晚礼服。廓型极为简洁，配以醒目的金色刺绣。

维也纳设计师鲁迪·热里格以使用另类面料和设计奇异时装而知名。1966年，他的这件有趣的印花小牛皮套装使人联想到丛林。

由于大多最高品质的皮革产在西班牙，所以西班牙的设计师自然会在他们的时装展上展示皮革制品。1968年，巴塞罗那的曼努埃尔·珀特加兹（Manuel Pertegaz）对服装进行时尚处理，设计了一条棕色连皮带的护腿皮套裤。

1967年，伊夫·圣·洛朗设计了他的非洲系列服装，1968年他把轻便猎装引入高级时装。这是1967年他用黑色光滑皮革设计的前卫优雅款式。

　　在整个 20 世纪里，高级时装的流行趋势变化频繁，20 世纪 70 年代也不例外。一些设计师借鉴了 20 世纪 60 年代末期嬉皮风的流行趋势，而另一些设计师意识到，在他们的时装展上加入皮革服装会吸引更多成熟的顾客。所以，他们重新使用"叛逆形象"的黑色皮革，来制作大众衣橱里的"必备"服装。

安妮·克莱恩（Anne Klein）1970 年设计的高腰黑皮裙完美地诠释了时装流行趋势，并提升了克莱恩当时的品牌形象。

20 世纪 60 年代末期，拼缝工艺盛行一时，废皮拼接制作的衣服在嬉皮士一族中很受欢迎。到了 20 世纪 70 年代，设计师们，如阿道夫（Adolfo），利用皮革能够制成不同颜色的技术不断为高端市场推出新的款式。

当皮革快速用于奢华时尚设计时，一些设计师，比如圣乔治·迪·佩扎罗（Giorgio di Sant' Angelo），走向不同的方向，他们设计便装款式，包括这件 1978 年的绒面皮绣花波卡洪塔斯印第安公主裙装，其灵感来自于美国原住民的民族服装。

1980年

20世纪80年代，设计师们用皮革和绒面革制作奢华服装，他们用皮革就像使用普通布料一样，耗费巨大。猪的个头大了，用皮不再受到限制，牛皮也越来越受欢迎，同时，全世界的制革厂都开始模仿欧洲鞣制极其细腻的、有着华丽舒适手感的羊皮和绒面革。

法国、英国和意大利的设计师引领时尚，设计出最有创意且最热销的皮衣。乔治·阿玛尼（Giorgio Armani）、克劳德·蒙大拿（Claude Montana）、阿泽戴尼·阿拉亚（Azzedine Alaïa）、伊曼纽尔·温加罗（Emanuel Ungaro）、瓦伦蒂诺（Valentino）、安妮·玛丽·贝雷塔（Anne Marie Beretta）和薇薇安·韦斯特伍德（Vivienne Westwood）名列其中。随心所欲，任何布料能做的东西，皮革都能做。制革厂研制出各种重量不同选择的皮革，有大量的颜色可选，加工方法和用浮雕图案装饰的印花工艺多种多样，这都使皮革成为设计师的梦想。皮革成为彰显财富和品位的设计材料，从而确立了它在设计市场中的牢固地位。

与此同时，一些美国设计师，包括利桑德罗·莎拉索拉（LiSandro Sarasola）、北滩皮革（North Beach Leather）、弗朗西斯·斯特拉奇（Francesca Sterlacci）、阿德里安娜兰·朗道（Adrienne Landau）、艾丽西亚·埃雷拉（Alicia Herrera）和迈克尔·科尔斯（Michael Kors），也大量使用皮革，发明了一些很有意思的技巧，比如，斯特拉奇的皮革花边，莎拉索拉的皮革彩绘，还有朗道的编织皮革和皮革披肩。

克劳德·蒙大拿20世纪80年代设计的醒目的大垫肩的黑色皮夹克搭配黑色连衣皮裙，塑造了"另类女孩"的形象，该设计师至今因此为人们铭记。

那些使用小羊皮和小山羊绒面革的设计师在创作方法上更擅长运用工程学上的切线。安妮·玛丽·贝雷塔1984年设计的这款宽绰外套表现了这一点。贝雷塔通过用红色接缝做装饰，把必须用小块皮革制作的服装变成了一种设计风格。

1989年，瓦伦蒂诺用剪绒黄羊皮制作了引人注目的喇叭形短大衣。从袖子上可以清晰地看到羔羊皮的拼接。

1980年的时装展上，乔治·阿玛尼的这件条纹皮上装也显示出小块皮子裁剪出来的优点。

阿泽戴尼·阿拉亚 1984
年设计的套装，裙子的
突出部位使用了装饰线
迹以及鱼尾下摆元素。
这款套装展示了流行 10
年的宽肩设计如何成功
地用在了皮质服装和小
块皮革缝制的夹克上。

从伊曼纽尔·温加罗这件
1985 年用细皮制作的及
膝双排扣大衣，可以看出
皮革能多么轻松地把袖窿
线做到完美。

当大名鼎鼎的美国设计师卡尔文·克莱恩和奥斯卡·德拉伦塔（Oscar de la Renta）涉足皮革服装的时候，正是20世纪80年代末和90年代初的嘻哈运动，尤其是"8球"皮夹克引起巨大轰动的时候。这件多色皮夹克由迈克尔·霍班（Michael Hoban）设计，于1989年秋季由北滩皮革制作，上面缝有让人联想到海洛因毒品代号"8球"主题，这种夹克受到年轻人的热捧。

薇薇安·卡斯特伍德在这件1988年设计的紧身衣裙上尝试了皮革雕塑般的质感。韦斯特伍德运用诸多灵感，把紧身胸衣加肘部防护垫与褶裥裙和维多利亚时代流行的衣袖完美组合，形成她的标志性风格。

　　20世纪90年代,欧洲设计师开始与制革厂直接合作。意大利和法国的制革厂为创制出独特的皮革外观而彼此竞争,这样,新颖的皮革就会受到欢迎。意大利制革厂与范思哲和阿玛尼合作,试验新的颜色、印花和加工方法,而法国的制革厂和法国设计师合作,制作出有史以来最薄的、最精细的皮革。

　　领先的欧洲设计师继续把皮革服装加入到他们的时装发布会上,甚至制作了高级女装。以前古琦以制作配饰著称,现在规模扩大到皮革服装市场。蒂埃里·穆勒（Thierry Mugler）设计了一些最奇异的皮衣,经常从母夜叉得到灵感,而吉尔·桑达（Jil Sander）则把更传统的方法带入到皮革设计中。

当古琦移步皮革服装设计时,他们把所有的皮革知识带入T型台,于1991年创作了这件典雅的粉色外衣和裙子套装。

1991 年，蒂埃里·穆勒把摩托车手风格带上 T 型台。带拉链和兜帽的夹克，别具匠心的裤子，充分利用了皮革的雕塑质感，增强了母夜叉效果。

吉尔·桑达 1991 年设计的黑色外衣，其用料都极其奢侈。

随着 10 年皮革技术的进步，有名望的设计师，包括克里斯汀·拉克鲁瓦（Christian Lacroix），都开始使用皮革制作衣服，而新介入时装舞台的设计师，例如阿泽戴尼·阿拉亚、美国的艾萨克·麦兹拉西（Isaac Mizrahi）和拜伦·拉斯（Byron Lars），在他们的皮革设计中加入了奇思妙想。

从这件 1992 年精制的夹克上完全看不出克里斯汀·拉克鲁瓦之前从没有使用过皮革面料。蛇皮拼接提升了华贵的风格。

1992 年，拜伦·拉斯设计了程式化的空军夹克，在剪羊绒衣领上缝有"机翼"，还配有"头盔"和护目镜。这件皮装的下摆和袖口使用了针织物，成功表现了皮革与其他面料混用。

虽然阿泽戴尼·阿拉亚以他性感、富有曲线美的紧身设计而著称，但在1993年，他采用了更折中的方法，设计了这件淡蓝色的绒面革短夹克和裤子。独特的饰边、饰带将整套服装融为一体。

1992年，艾萨克·麦兹拉西仿照1973年邦尼·卡希的美国夹克手提包式样，给人以强烈的娱乐感，若非如此，它可能就不是它，而是另一件黑皮夹克了。

　　皮革可以是性感的，也可以是传统的。克劳德·蒙大拿继续用皮革创造当时最时尚的廓型，吉安弗兰科·费雷（Gianfranco Ferre）设计了古典款式，而杰尼·范思哲用皮革制作出最性感的服装冲击 T 型台，从而进一步提升了他的名望。同时，芬迪（Fendi）仍然保持着 T 型台上的显赫地位。

意大利设计师吉安弗兰科·费雷因他的白色建筑风上衣而成名。1994 年，他大胆使用皮革，设计了剪裁优美的奶油色高腰绒面革牧人裤装。

克劳德·蒙大拿经常在他的套装中加入配套服饰。1994 年，这件蝙蝠袖的绒面革夹克搭配了宽口长臂手套，引起巨大轰动。

1994 年，范思哲在他的时装发布会上继续他的安全别针主题，设计了这件挖剪式黑色皮革贴体裙，超级名模海伦娜·克里斯坦森（Helena Christensen）穿上去犹如一件紧身胸衣，非常合体。

芬迪从 1918 年起就以其富丽的裘皮装著称。1995 年，卡尔·拉格菲尔德（Karl Lagerfeld）设计了这件打磨出金属质感的剪羊绒马克西及踝大衣。

一些设计师，包括芬迪、安·迪穆拉米斯特（Ann Demeulemeester）和古琦继续在他们的时装发布会上展示他们的皮革服装，他们经常利用皮革的特点创造出廓型越来越简洁的惊人之作，而其他一些设计师，比如蒂埃里·穆勒，则继续昭示"坏女孩"的主题。

1997 年，比利时设计师安·迪穆拉米斯特以她的新潮及地长黑皮女装营造出惊人的神秘美感。

1996 年，芬迪把一件灰黑色云纹的剪羊绒及踝长大衣带上 T 型台。

1997 年，汤姆·福特（Tom Ford）为古琦设计了这款商务套装极品，宽肩黑皮夹克搭配紧身笔杆裙。

1997 年，巴黎设计师蒂埃里·穆勒利用只有皮革面料能表现的雕塑质感设计了这件性感的无吊带紧身多层裙，并使用羽毛装饰，为强调轮廓，每块皮革都是单独压制，而裙子和袖子设计犹如拼接在一起的盔甲。

20世纪90年代末期，在欧洲每一位设计师的服装精品中，皮革、绒面革和剪羊绒都占有了一席之地。温加罗设计了华丽的灰色剪羊绒夹克，赛琳（Celine）设计优雅的黄褐色羔羊皮外衣，与玛尼（Marni）简洁的棕色立领皮外衣形成强烈对比。

1998年，温加罗设计的剪羊绒短款宽领夹克，束以打结腰带，很好地利用了皮革的毛绒面。

1999年，赛琳展现的经典奢华棕色羔羊皮风衣轰动T台。

1999 年，玛尼展示了这件极简风格的立领皮外衣。

21世纪

随着新千禧年的到来，设计师们受到新的加工方法，比如打光、仿旧、激光裁剪、刺绣和打蜡，以及新颖的金属色的激励，对皮革的创造热情又推进了一步。

2000年

2000年，安·迪穆拉米斯特设计的全长上光皮裙惊爆T台。杜嘉·班纳（Dolce & Gabbana）主要的作品是一件褐色压印鳄鱼纹皮大衣，亚历山大·麦昆（Alexander McQueen）受到盛赞的激光裁剪的裙装引起轰动。比利时设计师吉塞弗斯·提米斯特（Josephus Thimister）用经过金属打磨处理的皮革设计了一件华贵的剪羊绒长外衣。

杜嘉·班纳在这件黄棕色长大衣的设计上采用了经典线条，皮革上的鳄鱼花纹图案引起了巨大反响。

安·迪穆拉米斯特的腰裙连衣长裙表现了皮革的悬垂能力，而领口的绒面革细节与上光的黑皮革形成对比。

亚历山大·麦昆采用激光裁剪设计了极为精致的图案，并用齿形边作为这条淡黄色裙子的下摆。

吉塞弗斯·提米斯特设计的打磨金属色剪羊绒大衣，用碎皮缝合形成图案的方法打造出总体简洁的外形。提米斯特没有遮掩皮革上的天然"瑕疵"，而是加以保留，反而增加了大衣的手感。

2001年

仿旧皮革，使人联想起第二次世界大战时的飞行员夹克，如今，做了一些改变，重又登上舞台。意大利生产商巴利（Bally）2001年设计了一款无袖的军用外套。激光技术更加流行，设计师让－保罗·高缇耶的激光裁剪的剪羊绒外衣进一步推进了激光技术的发展。一些设计师把皮革和其他面料混搭，瓦伦蒂诺设计了一套棕黄色的皮革搭配毛料裤的套装。比较便宜的皮革继续涌入市场，许多中等价位的服装生产商利用时机，把皮革服装加入他们的服装精品中。

让-保罗·高缇耶用激光裁剪强调这件优等剪羊绒大衣的背部结构，并开创一种装饰边线。

巴利用仿旧皮革制作了
军服风格大衣的款式，
这件无袖大衣的设计呼
应了军服的历史由来。

皮革和毛料都是天然
材料，在套装中，瓦
伦蒂诺完美地将两
种天然材料混搭在一
起，毛料的图案衬托
出裁剪的简洁。

菲拉格慕（Ferragamo）创作的经典款式，很符合其精湛的工艺加一流设计的传统特点，朱利安·麦克唐纳德（Julien McDonald）为纪梵希（Givenchy）和亚历山大·麦昆恰到好处地强调了皮革的性感，同时，约翰·加利亚诺（John Galliano）追求皮革的传统用法，设计了美国原住民服装风格的套装。

约翰·加利亚诺设计的剪羊绒外衣，用夸张的线迹装饰接缝，骨扣暗示手工缝制。袖子和裙子上的玫瑰花形增加了美国原住民的主题。

一直在制鞋业享有盛誉的意大利菲拉格慕公司，其历史可以追溯到19世纪末期。他们从20世纪70年代开始制作皮衣，并且只用最细腻的意大利皮革。这件夹克的款式和颜色都很经典，打褶的袖隆显示出对细节的重视。

纪梵希的贴体棕黄色皮裤在腰部增加了蛇皮搭扣。膝盖的加固带明显增加了线缝的装饰效果。

亚历山大·麦昆利用皮带、肩带和过膝长筒皮靴增加了其带有花边细节的黑色紧身衣服的性感。

剪羊绒继续以英国马修·威廉姆森（Matthew Williamson）和美国扎克·珀森（Zac Posen）的风格主导T台，前者借鉴了美国原住民传统，后者借鉴于第二次世界大战。同时，著名设计师罗伯特·卡沃利（Roberto Cavalli）和迈克·柯尔（Michael Kors）都在探索装饰皮革。

从20世纪60年代起，罗伯特·卡沃利就以他服装中的性感锋芒为人熟知，现在他又以奢侈的皮革服装确立起名声。这身线缝如紧身内衣的彩色装饰上衣，搭配贴身棕色皮裤和紫色观剧长皮手套，全套搭配经典诠释了他的风格。

美国设计师迈克·柯尔的名字大多使人联想到传统风格。这件拉链外衣用了灰色大理石纹印皮革，又用金属缀片装饰衣边。

扎克·珀森的这件剪羊绒连
身衣裤的灵感来自于第二次
世界大战飞行服。用仿旧皮
革制作说明受到战争时代服
饰的启发，裁剪和结构都很
巧妙，接缝增加了细节效果。

马修·威廉姆森设计的
这件剪羊绒外衣以美国
印第安为主题。按照美
国原住民的传统，皮革
上绘制了图案，并以闪
光亮片装饰。

　　设计师永远追求创新和特立独行。2004 年，皮革印花和另类皮革占据中心舞台。杜嘉·班纳（Dolce & Gabbana）设计了一件黑色漆皮鳗鱼皮夹克，搭配一条兔皮裙。其他设计师单独用皮革设计，包括爱马仕（Hermès）和乔丹·贝滕，他们俩为客户进行原创设计，说明他们找到了适合自己发展的市场，比如贝滕，他设计的方向是皮革与音乐，尤其是与摇滚乐的传统结合。同时，亚历山大·麦昆用他浮雕式设计表达了未来主义的概念。

有着多条精心拼接线缝的黑色漆皮鳗鱼皮增加了套装的华贵感，搭配一条印着猎豹图案的兔皮裙，两件衣服都是杜嘉·班纳2004年的作品。

亚历山大·麦昆2004年以这件太空时代的浮雕式皮夹克展示了未来主义的设计。

乔丹·贝滕以他为摇滚明星设计的皮革时装和他的独特设计理念赢得了高端人士的青睐。他量身定做的皮衣和配件从来不用机缝。每一个接缝都是应用密集劳动手工花边技术缝制的。贝滕拒绝在零售店出售服装，因而保证了其唯一性。这里看到的摇滚明星雪儿·克罗（Sheryl Crow）穿着一条带有羽毛装饰的皮裤，并有贝滕标志性的手工缝制的接缝。

　　著名的时装设计公司宝缇嘉·韦内塔（Bottega
Veneta）和爱马仕继续制作有趣的皮革时装，他们俩的
黄褐色皮制"军装"——一件军款风衣与连衫装的融
合——再次推进了军装款式。美国生产商 D—二次方
（D-Squared）和设计师瑞克·欧文斯（Rick Owens）用
他们的皮革服装重新表现了自己的风格，D—二次方设
计的是橘红色低腰皮裤，瑞克·欧文斯的是一件轮廓分
明的剪羊绒短夹克。

宝缇嘉·韦内塔主要以
其手工编织的皮革配饰
闻名，他们于 2005 年
设计了这件漂亮的玉米
色军款皮大衣。

D—二次方充分
利用了制革工人
的手艺，制作了
一条以拉链与贴
袋为特色的低腰
橘红色合体短裤。

爱马仕继续他们
的创新，用上等
皮革设计了这款
军装风格外衣式
连裤装，以明线
缝装饰为特色。

瑞克·欧文斯设计
的不对称下摆剪羊
绒夹克表现了怎样
把两块不同颜色的
皮革利用到极致。

2006年

设计师们继续在皮革的应用上推陈出新。1983 年，卡尔·拉格菲尔德开始改变夏奈尔形象，设计了一条超迷你裙，搭配过膝皮靴和一件经典的夏奈尔上衣，由此可以看出他的风格有了多么大的变化。约翰·加利亚诺永远是个皮革迷，在他的服装发布会上包括了这件为迪奥设计的米色剪羊绒夹克。杜嘉·班纳保持了一贯的探索精神，将光滑的蓝色纳帕革与蓝色浮雕装饰的鸵鸟革融合在一起，制成一件有着军装风格的夹克。

约翰·加利亚诺为迪奥设计了这件剪羊绒夹克，利用有趣的褶裥制造出装饰效果。

卡尔·拉格菲尔德用黑色皮革设计了超迷你裙，搭配奶油色珠饰镶边毛料上衣，使这两件典型的夏奈尔风格形成对比，再配上雪纺绸长坎肩和过膝长筒皮靴，更加强了套装的颠覆性效果。

杜嘉·班纳依此表明
另类皮革，比如鸵鸟
皮，可以表现出军装
风格夹克的质感。

2007年

今天最新的设计师通过制作超短式、性感又不失
情趣的皮革裙装，把皮革又带入到另一个层次。另一方
面，皮革的传奇人物，包括威登（Vuitton）、缪缪（Miu
Miu）和麦丝玛拉（MaxMara），继续为他们的客户提供
"带点新花样的传统"皮衣，这个新花样包括麦丝玛拉做
到极致的无袖束腰皮外衣、缪缪的宽摆皮裙，和威登的
皮裙套装。

*2007 年，格拉斯哥出生的
设计师克里斯托弗·凯恩摆
脱了他品牌风格的束缚，设
计了这款红葡萄酒色的皮革
与天鹅绒搭配的套装。*

*麦丝玛拉自 1951 年起就以
设计外衣和套装而闻名。
2007 年，他们设计推出了
这款美丽的棕色皮革无袖束
腰裙装，尝试进入成衣领域。*

2007 年，缪缪像加工布料一样，制作了这条前裆皮裙，搭配同质同色短款皮上衣。

2007 年，麦丝玛拉用最薄、最柔软的皮革为威登制作了这件赭色皮裙套装。

设计师们继续在皮革服装上各显神通。很多设计师使用制革商供应的各种各样的成品革，其他一些设计师则运用打褶和编织技术开发了自己的皮"布料"。理查·蔡（Richard Chai）用剪羊绒设计了一系列实验性的服装，而乔丹·贝滕忠实于自己的设计理念，继续在旷野中漫步。他的一件拼接衣服用了100多个小时才告完工。同时，法国设计师让·克劳德·吉特罗斯（Jean Claude Jitrois）最先将弹力皮革应用于服装，从而避免了紧身皮衣经常出现的膝部变形和底边下垂。爱马仕把它传统的骑马服款式应用到新的皮革服装中。

让·克劳德·吉特罗斯用黑色弹力羔羊皮制作了这款新式的塔士多套装。

乔丹·贝滕创作了这件完全用皮革细条打结编织的上衣。手工技术的运用确保了他的客户在设计与制作上的专有权。

从 1837 年起，爱马仕公司就开创了制作骑马服的传统。2008 年，它创作了这条在马上、马下都可以穿着的棕色绒面革马裤。

美籍朝鲜人理查·蔡在他的 2008 年时装发布会上展示了这件赭色剪羊绒无袖短披肩。

据说皮革的流行周期每三年达到一个高峰，但世界上顶级设计师几乎总是在他们的服装精品中加入皮革元素。而2009年的T台上，皮革服装达到鼎盛。巴利设计的及膝裙的精致与里查·欧文（Rick Owens）引人瞩目的建筑风结构的裤子和上衣形成对比。同时，纽约的达凯·布朗（Duckie Brown）制作了颜色醒目、裁剪经典的华贵的软皮夹克。

纽约的达凯·布朗用不常见的醒目橘黄色设计了这款经典款式夹克。小牛皮经过特别处理，格外柔软且富有弹性。

2009 年的服装发布
会上，里查·欧文设
计的建筑风格裁剪的
黑皮无袖上衣搭配了
一条宽松裤。

2009 年，瑞士公司的
巴利展示了一款新颖
的黄棕色皮裙，搭配
A 型背心式女上装。

第2章
制革的过程

　　用皮革制作服装，需要把生材料转变成柔软的、能够缝纫的、可用来穿戴的面料。这意味着必须投入大量的劳动。皮革给予我们的美感来自于制革的过程。在这一章里，我们将说一说生皮制成苯胺成品或半苯胺成品各个阶段的过程。

制革要做的事情

皮革是由制革厂制造的。制革厂就是购买生皮、把生皮做成皮革、给皮革染色，然后出售给服装生产商的工厂。

皮革是已经鞣制好的兽皮。鞣制兽皮需要做两件事情：

（1）保存皮子以防腐烂。

（2）给兽皮加油，使之变软。

制革生产中的主要步骤

鞣制皮革的过程分为三个明确的阶段：

首先，制革厂必须订购兽皮。制革厂可按照各个服装生产商需要的类型或质量进行订购，或者根据众多不同服装生产商的预期需求进行订购。

其次，屠宰场（或者用更婉转的词——屠场）需要屠宰动物，并且为把兽皮运到制革厂而进行适当的加工。不合理的屠宰或者不合理的加工都会造成皮革质量的下降。

制革的第三个主要阶段是鞣革过程本身。

第一阶段：制革厂如何购买合格的皮子

为了生产皮革，制革厂必须首先从屠场购买兽皮。购买分三个阶段，这是皮革制作过程中最重要的方面之一。制革厂购买生皮的技巧可能多种多样，然而最好的制革厂也不可能用劣质的生皮制作出高质量的皮革。

皮革购买过程的三个步骤如下：

（1）**选择购买皮子的类型**。用不同动物的皮生产出来的皮革千差万别。

牛皮比羔羊皮硬，因为牛皮更密、更厚。牛皮可以剖成两张皮，称为二层皮，这样可以使皮的用量翻倍。对于终端用户而言，二层皮的面皮是价格最贵的，而底层皮的价格最便宜。

猪皮有许多又粗又大的毛囊，以致猪皮上可以看到很多"孔"。猪皮也能剖层。

羔羊皮在服装设计中使用最为广泛，因为羔羊皮经过合理鞣制之后手感特别柔软。但是，羔羊个头小，每张皮的用量太低，致使单件服装的价格较高。山羊皮比羔羊皮更柔软，且每张皮的用量也更低，因而比羔羊皮的价格更高。

差不多任何动物的皮甚至鱼的皮都能用来制作皮革。下面是一些常见的皮革来源：

羔羊／鲑鱼／山羊／野猪／猪／巨蟒／鲸鱼／鹿／马／美洲鳄鱼／麋鹿／水牛／母牛

（2）**确定在哪里买皮**。大多数好的制革厂根据多年的经验，对几乎每一类兽皮都列有自己偏爱的来源。但是，当从中选择供应商的时候，他们需要记住一些地理因素。

制革所用的兽皮来自世界各地。皮子的质量与它们的产地密切相关，甚至在同种动物中也是如此。

在皮革制作中，价格最昂贵之一的是羔羊皮，其质量根据它的产出国有很大差别。大多数品质高的制革厂喜欢来自新西兰或英格兰（英国本土）的羔羊皮。但是，质量非常好的羔羊皮也可能产自意大利、伊拉克、伊朗、西班牙、印度、巴基斯坦、澳大利亚和美国。

提供皮源的国家或地区也不能保证稳定的皮革质量，根据各地区的气候、土壤（对动物的食草质量有影响）以及牧场主准备的精心与否，同一国家或地区内的兽皮质量也会有很大不同。

有些皮子十分罕见，只出自为数不多的几个产地，比如袋鼠，只产于澳大利亚；巨蟒产自于非洲。

其他一些特殊的皮子可能来源于：

挪威（麋鹿）　　　　美国（鲑鱼）

巴西（野猪）　　　　埃塞俄比亚（水牛）

丹麦（马）　　　　　日本（鳄鱼）

（3）**确定何时购买兽皮**。比较好的制革厂明确地知道该在什么时候从哪个产地购买兽皮。甚至在他们还没有从服装厂得到购买某类皮革的订单时，他们也会购买，储存起来，以备后用，因为他们知道，每种兽皮都有特定的购买时间。

什么时候购买小动物皮，例如羔羊皮和小牛皮，在时间的选择上特别关键。因为大多数动物只在一个特定的时间段繁殖后代，通常是在春天，制革厂必须确切地知道什么时候提交购买某种兽皮的订单。这个时间的选

今天的设计师可以从世界各地的制革厂买到各种类型的皮革。第58页图示是巴黎世家（Balenciaga）于2000年用经过仿旧处理的厚皮革制作的带拉链夹克。

择在赤道南北两边的国家会有六个月的差异，赤道南边国家的春天从十月开始，赤道北边的国家，春天开始于四月。

第二阶段：屠场怎样加工兽皮

（1）**屠宰动物**。遗憾的是，制作皮革最初的步骤之一就要触及动物的生命。大多用来制革的兽皮都来自于屠宰场。而其产地总是用动物的其余部分作为食物。

发达国家的屠场使用非常人性化的方式杀死动物，比如，在动物的头上使用电针。大多数动物只是被针击晕，而没有被杀死。一旦被击晕，动物经常会被吊起后腿。然后切断主动脉，使动物放血而死。

制革厂更喜欢不减少皮革用量的屠杀方法。如果动物在被击晕并放血之前，因为害怕而不安，或者剧烈运动，就不能充分放血，以致兽肉和兽皮上会随处留下淤积的血。这样，兽皮上就会出现淤痕，也会加快兽皮的腐烂。淤痕被称为 cockles（生皮上出现的不规则形状的血管），淤痕使制革厂不能给皮革均匀地染色，大大降低了兽皮的质量。

虽然大多数屠场想方设法保持动物在被杀之前的平静，但是有时屠杀的质量也无法控制。例如，从美国出口的几乎所有的 40 万张鹿皮都遭到枪击或弓箭射杀。缺乏经验的猎人经常在皮子上留下子弹孔、拖拉的痕迹和剥皮（flaying）技术不佳造成的瑕疵。

从服装制作者的角度来看，一定要注意任何的瑕疵和淤痕，即使从表面上看它微乎其微，但生皮上的任何缺陷都会在鞣革的过程中被突显放大。

（2）**剥皮**。兽皮通过手工或机器从畜体上剥离。首先，屠夫（或者猎人）用锋利的刀子在动物周身划上口，然后一边拉皮一边用刀子切断连着的组织，兽皮边退边剥离出来。有的时候，皮子本身是偶然切割下来的。

熟练的屠夫把专用的剥皮机连接在切口的皮子一端，然后将皮子从兽体上往下拉。剥皮机比手工剥皮剥出来的皮子要干净得多，皮子的损伤也更小。

一般来说，带蹄的动物直接从腹部切开，已经剥离的皮绕开腿拉下来，这样能保护动物后背有价值的皮不被切开。对于蜥蜴类（鳄鱼和蜥蜴）来说，这个过程要完全相反，它们的腹部是最重要的皮子来源。这种动物要首先沿着后背切开，然后往腹部的方向剥开。

剥皮之后必须马上用凉水清洗，以减缓腐烂过程。

（3）**处理兽皮**。Curing 是防止兽皮腐烂的过程。新剥成的皮子应该在六小时之内进行处理。在生产皮革过程的最初阶段，只需要用短期的保存方法。一般情况下，屠场会尽力完成兽皮运送至制革厂之前几周之内的所有的步骤。

兽皮的腐烂或腐败，是由皮子上的细菌引起的。这些细菌产生酶，酶能够液化兽皮的表面。这些兽皮上被液化的部分会被细菌吸收作为食物。兽皮上任何腐烂的部分都会显示出永久性的瑕疵，大大降低它用于服装制作的价值。

处理兽皮主要有三个方法：冷藏、干燥和用化学剂处理。

①**冷藏**。很多屠场都具备冷冻或冷藏的设备。一张没有处理的、冷藏的兽皮可以储存大约两周而不会损坏。如果冷冻，兽皮甚至能安全保存更长的时间。但是，如果冰在皮子的纤维上结晶，就会损坏皮子。

②**干燥**。大多数细菌有水才能生存。那么，通过把兽皮彻底干燥，多数细菌通常就会饿死。如果这种情况维持一段时间，有些细菌就会死掉，而另一些会回复到休眠孢子状态。但是一旦皮子再次水化，这些细菌孢子会迅速回复成饥饿细菌。

要做到有效干燥，兽皮必须不超过 10% ～ 14% 的湿度。

屠场通常把兽皮挂在户外风干，也有一些屠场将兽皮铺在地上晒干。由于许多兽皮来自于气候炎热、潮湿的国家或地区，那么空气干燥就比较容易和有效。在较寒冷的北方气候中，皮子的干燥更加困难。对南北半球更远地区的屠场和制革工人而言这是个难题，因为，如果兽皮干燥得太慢，在其湿度含量还没来得及充分降至细菌停止活动之前，它们可能就腐败了。

③**用化学剂处理**。通过在水中溶解某种原料，比如盐、酸、碱、杀菌剂和其他有毒的化学剂，即使水分存在，腐烂也会减慢或停止。最常用的原料是盐和酸。

一些屠场使用特殊的化学药品处理兽皮以防腐烂。他们的做法是，在装满兽皮的大型旋转滚筒里加入化学剂。

有几个化学方法可以用于保存兽皮。一个常用的方法是，添加化学剂，适当把皮子的酸度保持在大约 4.5pH。这种环境对大多数细菌来说是致命的。另一种毒性更少的保存方法是用适度的杀菌硼酸溶液浸泡兽皮。这种方法保存的时间可以从几天延续至几周，直到屠场有时间完成退毛和腌制过程。

保存兽皮最喜欢用的方法是盐腌。屠场盐腌时，把兽皮堆起来，肉面朝上，用粗粒盐涂满每张皮子。涂在生皮上的盐量通常是生皮重量的 25% ~ 35%。经验更丰富的屠场把新剥好的皮子浸在盐溶液里——每 3.8 升（1 加仑）水加入 1.3 克（3 磅）盐，腌 12 个小时，然后把这些皮子摞起来。盐腌的皮子能保存几个月，如果皮子干燥的话，还能保存更长的时间。

（4）**兽皮去毛**。屠场在把兽皮运送到制革厂以前必须先把皮子上的毛去掉。

一些兽皮上的毛，比如羔羊的皮毛（羊毛），很宝贵，具有市场价值。屠场为出售这些皮毛进行清洗时，要用专门的化学药品处理，以便皮毛用手摘除时不至于造成损坏。首先，为使兽毛松懈，要把皮子浸在浓碱石灰或碱溶液中。其次，把皮子摞起来，用酸液——通常用硫黄酸——或者其他化学药剂往兽皮的肉面上喷。一两个小时之后，化学药剂渗透皮子，这时屠场的员工就可以用手工退毛，通常会使用剔肉刀。

如果屠场不想出售皮毛，例如牛皮，他们只需把皮子扔进含硫黄酸或者其他化学药剂的圆桶里，然后转动圆桶，直至所有的毛脱落。

当兽皮上的毛被基本清除后，要彻底清洗皮子，除掉上面的石灰和所有残留的血渍、污渍、软毛、脂肪和细菌。猎人经常使用醋中和兽皮上的石灰。这个过程叫做**脱灰**。

（5）**腌渍**。无毛的兽皮在储存或运输到制革厂之前总是或腌渍或干燥，也可以两种方法都用。兽皮经常是在腌渍的状态下运输的。

屠场腌渍兽皮时把皮子放在装有水、盐和硫黄酸的圆桶里轻轻转动大约两个小时。虽然腌渍能使细菌停止活动，却无法防止霉的增长。霉侵入兽皮的基础结构后，在皮子最终鞣制过程中就会造成染色的不均匀。此外，它也能导致鞣制过的皮子损失光泽。为防止霉的出现，可以在腌渍溶液中添加低浓度的杀真菌剂。

腌渍之后，兽皮被堆进防水的容器里以便成批发货到制革厂。摞起来的腌渍过的羔羊皮看上去就像是厚厚的一堆湿白纸。如果保存在比较凉爽的地方，腌渍过的兽皮可以储存几个月。

（6）**半硝皮**。干燥的生皮叫做半硝皮。兽皮在仔细控制的环境里吊在空气中干燥成壳状（图2-1）。屠场货运的兽皮中有腌渍的，也有没有经过腌渍的——半硝皮（图2-2）。因为半硝皮太硬，弯曲后容易有裂痕或折痕，所以运到制革厂之前必须仔细地绑好或打捆。半硝皮容易招致虫咬，所以经常要用杀虫剂，如砒霜等进行处理。

（7）**剔除残留兽肉**。虽然屠场在把兽皮运至制革厂前已经从皮子上剔除了大部分的兽肉，但是兽皮内仍然会留下肉的白色残渣。如果制革厂不在制革前刮掉所有的兽肉，那么鞣制好的皮子会由于染料不规则的渗透造成着色不匀。

为了在新购买的兽皮上清除掉残留的兽肉，制革厂要把皮子插入上部和底部装有滚筒的剔齿机里（图 2-3）。这种机器在靠近滚筒底部的地方装有固定的锋利刀片。当皮子经过两个滚筒进入到机器中时，刀片就会刮除皮子上的残余物。有时，如果纳帕革最后的重量必须要求很轻，厚度小到 0.4 毫米（1 盎司）的话，就会在给皮子染色后用刀片刮。这样做是为了防止重量轻的皮子在圆桶里染色的过程中被撕破。

图 2–1　风干腌渍过的皮子

图2–2　一些腌渍好的半硝皮

图2–3　剔齿机，用于剔除兽皮
上残余的兽肉

第三阶段：鞣革过程

大多质量好的皮革或绒面革服装都是由羔羊皮或山羊皮制成的，虽然有时候牛皮比羊皮更贵。由于羊皮更普及，所以我们将集中描述对这种皮革的鞣制（鞣制其他兽皮的过程也很相似）。

专营羔羊皮的制革厂通常从他们的供应商那里收购腌渍过的生皮。供应商偶尔也会供应半硝皮（见62页）。在这种情况下，制革厂会把半硝皮泡在盐水里，直至皮子湿透。这时，盐水能使皮子上的毛孔张开，以便使鞣革的溶液更好地渗透皮子。

没有一种方法可以概括鞣制所有兽皮的过程。每一种兽皮都不同，必须区别对待。在鞣制的过程中添加的铬鞣粉、碱化剂、油乳液、防水剂、软化剂等的用量，根据动物及其产地而差别很大。

在制革中其实只有一个限制因素，那就是原生皮的质量。鞣制不可能使一张低质量的皮子变成优质皮。制革厂可以影响某些质量上的可变因素（比如，多添加一些植物丹宁可以使兽皮更干燥，或者多添加一些油乳液使皮子更软），但是它们不可能使兽皮干或软得超出皮子本身的潜能。

下面将概括说一说鞣制过程中的几个关键步骤。当然，不同制革厂的鞣革过程不尽相同。例如，专营用廉价皮革制作新潮服装的制革厂，就可能跳过一些费钱的、劳动密集型的程序，比如，剔除残余兽肉。此外，许多高品质的制革厂使用昂贵的秘密方法，而较低价的制革厂会极力避免在制革过程中增加额外的步骤。

图2-4 鞣制皮革的圆筒

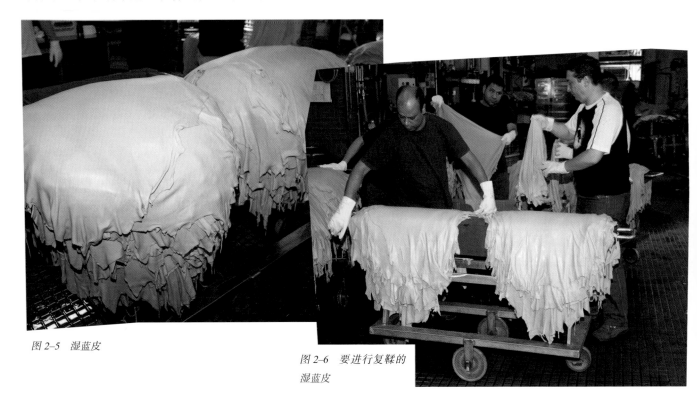

图2-5 湿蓝皮

图2-6 要进行复鞣的
湿蓝皮

（1）**制作湿蓝皮**。这是鞣制皮革的过程中最重要的步骤。实际上，这是制革厂里整个过程中唯一真正叫做"鞣革"的程序。

制革厂生产湿蓝皮时，要把完全剔除了兽毛并腌渍过的皮子放进一个大滚筒（图2-4）。这些圆筒一般是用木头做的，看上去就像一个巨大的木桶。每个筒里能容纳1000～3000张皮子。制革厂员工一边转动筒里的皮子，一边添加铬鞣粉，还要加入一些其他的添加剂（经常由自家特制）。皮子在这些筒里转动大约八个小时。

皮子从滚筒里拿出来时呈淡蓝色（图2-5）。制革厂把新鞣制的皮子摆放三天，以便让铬溶液渗入皮子最厚的部位。鞣制后，制革厂通常用水清洗去除多余的铬盐。

铬是铬鞣粉里的主要元素。它把兽皮中的天然蛋白质转化成抵御腐烂的惰性物质。用铬鞣制过的皮子永远不会失去鞣性，哪怕浸泡在水里。

（2）**其他"鞣制"用料**。过去的数年里，家庭和制革厂都使用植物鞣制兽皮这个过程，通常需要煮树皮和／或其他植物，直到"汤"里熬出天然植物的丹宁为止。实际上，"鞣制"一词就是来自于把生皮浸泡在含有丹宁的溶液里的最初过程。天然丹宁最常见的植物源是橡树树皮、铁杉皮、槟榔膏和木材加工业的副产品。

（3）**复鞣**。有些制革厂在鞣制和下一个加湿的程序之间还要增加一个步骤。在这个步骤中，湿蓝皮与某种配料一起加工，以便使皮子更轻、更软或更挺，或者产生出制革厂想要的任何性能（图2-6）。例如，如果制革厂想压缩皮子的纤维以便尽量缩小毛孔，它们就可以在复鞣的滚筒里加入铝粉。一般来说，制革厂把准备复鞣的皮子放进计划用来染色的同一个滚筒中，而不是原先鞣制的滚筒。

为后面的工序储存兽皮

有时，制革厂会在进一步加工之前，把已经剔除兽毛的湿蓝皮储存一段时间。例如，制革厂购买了比生产商订购的更多的皮子时，就会出现这种情况。

要储存已经鞣制好的皮子，制革厂需要把皮子干燥成半硝皮。首先，制革厂要把皮子插进带两个长滚筒的机器里把多余的水分挤压出来。这种机器叫做平展机。

图2-7　风干湿蓝皮，以备储存后用

挤压的过程叫做碾压皮子。

碾压之后，皮子被吊挂起来，干燥几天。有些制革厂有巨大的干燥机，长度达到12～18米（40～60英尺）。这样的制革厂把皮子吊在高处的活动传送带上，传送带把吊着的皮子从干燥机里送出送入。当皮子从干燥机里送出时，皮子已经完全干燥了（图2-7）。这样，半硝皮说不定可以储存几年而不变质。

兽皮的分类与选择

鞣制（湿蓝皮）过程之前或之后的任何阶段都有可能需要分类。实际上，通常每张皮子都会遇到过几次。即使多数制革厂最初都会尽可能购买好兽皮，但是它们对已经买来的皮子仍然要用大量的时间进行评估、再评估。

首先，制革厂根据兽皮的天然质量进行评估。评估期间，训练有素的制革厂检验员验查铺在桌子上的半硝皮。同一类动物的不同皮子会有不同的瑕疵，例如，某个动物可能在活着的时候被钢丝网严重划伤，另一个动物可能被屠夫或没经验的猎人不当剥皮。还可能有个动物的皮上有淤痕（见61页）。

其次，制革厂要决定哪些兽皮将用来制作绒面革（皮子的里面作为衣服的外面），哪些皮子做成纳帕革（皮子的外面，也就是原先有毛的一面作为衣服的外面）。检验员要仔细地检查完皮子的里面和外面（也叫粒面）之后才能作决定。一家好的制革厂，产量的50%可能是纳帕革，另外50%是绒面革。制作绒面革的皮子可以比做纳帕革的皮子质量低。所以，尽管绒面革比纳帕革的加工工序多，然而通常售价还更低。

中和

由于湿蓝皮是由腌渍过的皮子制成的，所以它们是酸性的（2.0～3.0pH）。在兽皮准备染色之前和在染色的过程中，皮子必须要含更多的碱性（大约5.0pH）。制革厂往装着湿蓝皮的滚筒里加入提碱剂以中和皮子的酸性。

准备染色

中和程序之后，制革厂还要给新鞣制的皮子加入其他添加剂。这些添加剂根据准备加工的皮子的类型和质量而不同，也与各个经验丰富的制革厂的经验、传统和研究与发展的程度有关。

必须要加入的添加剂是油乳液。油乳液把油加进皮子里。从很多方面来说，制革过程中，除了铬以外，油乳液是最重要的添加剂，因为它使兽皮恢复天然的柔软。

最好的皮子将与油乳液和其他添加剂一起加工，成为苯胺皮。苯胺皮是预加工的，以便在染色的过程中，染料能从皮子的一面完全渗透到另一面。这种效果很好，不必再喷染料掩盖瑕疵。苯胺皮既能做成纳帕革，也能做成绒面革。

绝大多数兽皮都有看得见的缺陷，有的小一些，有的一眼就能看出来。这样的兽皮必须进一步加工，做成半苯胺纳帕革。实际上，绒面革没有相应的等级，因为半苯胺加工需要用几层染料或者用专门遮盖瑕疵的塑料膜喷皮。苯胺与半苯胺的优缺点将在后面讨论。

制革厂存货中留下来的半硝皮，缺陷太严重的只能用来做看不见的服装内层。有的可能印上图案来掩盖瑕疵。

染色

好皮子的颜色是其最重要的特征之一。制革厂把皮子放进特制的染筒进行染色（图2-8、图2-9）。这些筒与生产湿蓝皮所用的不是同一个筒。制革厂往筒里加入特殊的染料和几样其他添加剂（通常是自制的）。染料一般由专营制革用品的公司提供。

大多数制革厂用手工把染料加进筒内。有些历史悠久的制革厂使用电脑控制，自动配料添加机会把各种各样的添加剂加进染浴筒里。这些复杂的系统会根据兽皮的重量，把染料和其他化学剂加入筒中。

从筒里拿出来的皮子是湿的。把它们放在滚动的货盘上，停留一阵，以便把水排干。然后，制革厂在风干皮子之前，把皮子放在巨大的滚筒里，用伸展过程把皮子风干。

有些很薄的绒面革太娇气，不适合滚动机。这样的皮子要小心地用真空吸尘器（图2-10）把水吸掉。然后，可以用以下两种方法中的一种把皮子风干：

（1）把皮子挂起来自然风干。

（2）把皮子由传送装置送进加热的强制通风的烘干通道进行风干（图2-11）。

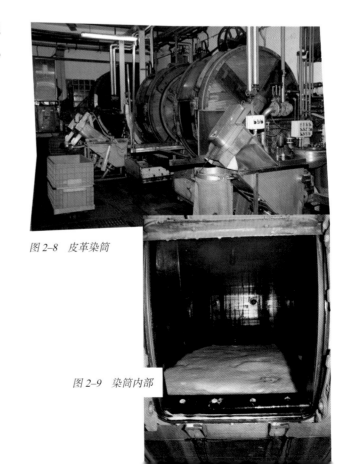

图2-8　皮革染筒

图2-9　染筒内部

定型

图 2-10　为绒面皮进行真空干燥

图 2-11　风干染了色的纳帕革

图 2-12　用机器定型

染色的过程有时可能会使皮子略缩水，定型程序就是把皮子拉伸到它们的标准尺寸而不用重新加湿。

不是所有的皮子都需要定型，只有那些容易严重缩水的皮子才需要。原则上讲，所有的山羊皮和羔羊皮在风干后都需要定型，而羚羊绒面革就不需要经过这种程序，因为它在真空干燥后不会缩水。很难说哪种皮子缩水多、哪种皮子缩水少，因为这要取决于诸如重量和湿度等多种因素。在制革厂制革过程结束后，这些因素的影响才算终止。

有两种主要的皮子定型的方法：

（1）把皮子放在大滚筒上展平。

（2）用手工定型。

定型量大的话，大多数制革厂会使用大型定型机（图2-12）。这个工作像用伸展机一样，把皮子放进两个辊子，压平成有点弹性（多数仍然较硬）的薄皮。工序完成后，半硝皮的边不会再上卷。

有些制革厂用老式的手工方法可以高质量地给较小的皮子定型。为了达到这个目的，他们可能会使用各种机器中的一种，但是处理的每一张皮子都需要高技能的手工劳动。

多数手工定型操作也需要某种机器。然而，不像大型定型机，大型定型机一次滚过整张皮子，而手工定型机每次只能压到皮子表面的一小部分。

典型的手工定型机有一个大轮子，几乎有窄汽车轮胎那么大，机器的操作工滚动轮子。每个轮子上装有几十个钝刀片，每次从左滚到右。机器操作工用两只手拿着皮子的两个宽边，然后两手一边抻皮子，一边在机器的辊子下面压。

操作工要来回来去地压，直到皮子所有的面定型到满意为止。

虽然这种方法比用大型机器成本要高得多，但是较好的制革厂照常会用不同的专用机器或不同的轮面来手工定型，以保证在他们较贵的产品上做出更好的外观或柔软度。

后处理

几个世纪以来，全世界的制革厂各显其能，研发出了他们自己的制革技术和后处理技巧。这些自己研发的技术经常是高度保密的配方，包括使皮子更柔软、更鲜亮、更光滑、亮面或磨面、更饱满、弹力更强或更弱、做旧，或者无数其他独有的特性。

举个例子，比如一个制革厂想生产一种表面特别鲜亮的苯胺纳帕革，它可能会用旧式的、上光一类的机器定型皮子。这些机器一般都是制革厂自己发明创造的（图2–13）。

图2–14　绒面抛光机

意大利的一个顶级的制革厂有一台定制的机器，机器在皮子上反复滚压一个13毫米（5英寸）的小玻璃辊子，施以重压。这台机器的操作工必须随时用手挪动滚动的玻璃辊子下的皮子，直到整张皮子压完为止。由于整个过程用手工完成，所以皮子需要处理的所有地方都会被玻璃辊压到。

这个上光的过程使制作出来的皮革的光亮均匀自然，不像半苯胺加工所造成的不自然的喷涂亮光。

绒面革磨光机（图2–14）摩擦皮子的绒面可以产生细拉毛。为了去除绒面上多余的灰尘，每张皮子都要过一遍除尘机（图2–15）。要想比磨光的效果更亮，纳帕革还要经过烫平机（图2–16）处理。

图2–15　绒面除尘机

图2–13　磨光机，用来处理相应的产品

图2–16　烫平机

评级

制革厂在给皮子染色之前先要确定皮子将做成苯胺皮还是半苯胺皮。

定型之后，准备做成苯胺皮的将与其他的皮子分开。这时候，它们按质量分成 A、B 或 C 三等。当然，"A"等的苯胺皮比 B 或 C 等皮子挣的钱更多。较好的制革厂生产的苯胺皮 50% 是 A 等，30% 是 B 等，20% 是 C 等。然而，服装生产商应该知道，这些质量等级是根据制革厂自己的评价评定的。要记住，制革厂自然会把皮子质量等级抬高，而不是下降。一些设计师开玩笑地说，在始终如一的基础上制革厂生产的皮子似乎一概 95% 是 A 等，5% 是 B 等。如果你自己要购买大量苯胺皮的话，还是明智一些，亲自到制革厂挑选你自己认为是 A 等的皮子。

图 2-18　皮革电子测量机

制革厂做完检查、评级和分类的工作后，最后还要对每张皮子进行整理（图 2-17）。之后，皮子被送到电子测量机（图 2-18），以便在背面打上表示地区的数字印记。全都完成后，皮子被捆扎起来，准备货运给客户（图 2-19、图 2-20）。

图 2-19　把皮子卷起

图 2-17　皮子的整理和分类

图 2-20　卷起捆好的皮子

喷雾处理

已经完成全部表面处理的皮子，无论多喷了几层染料，还是仅仅用了透明的塑料薄膜，都被叫做半苯胺皮。甚至最好的制革厂买来的兽皮，表面也会有十分严重的缺陷需要喷雾加以掩盖。几年前，典型制革厂只生产苯胺皮——不用喷任何添加剂的非常软的皮子，因为这样的皮子比半苯胺皮卖价高得多。然而，在今天的市场，很多生产商也会积极寻找好的半苯胺皮。实际上，真正好的半苯胺皮甚至看不出与苯胺皮有什么明显的不同。半苯胺皮在鞣制的过程中还将用防水化学品进行处理。

半苯胺皮一般比苯胺皮便宜。然而，它们并不总是在柔软度和着色上比苯胺皮差。另一方面，既然它们有喷上去的化学剂作为保护，它们比苯胺皮更能抗水和其他液体。

制革厂用两个巨大的机器准备半苯胺皮，一个是喷雾机，另一个是烘干机。皮子放在有两三个皮子那么宽的传送带上。传送带把皮子送入喷雾机，机器上有 4 ～ 6 个空气压力控制喷嘴，每个喷嘴连在中央的枢纽上，喷嘴旋转以 50 ～ 60 转 / 分的速度。当皮子从转动的喷嘴下边移动过去时，机器就会把染料或其他化学剂喷到皮子上（图 2–21）。

皮子经过喷雾之后，很快被送进烘干机里。烘干机总是与喷雾机连在一起。烘干机用蒸汽加热，当传送带用大约一分钟把皮子送过机器时，被迫流通的空气（风扇）就会把皮子烘干。

喷雾和烘干的步骤通常要重复几次。为简便起见，制革厂会把几台喷雾机和烘干机并排放在一起，用同等宽度的传送带同时喂料。这些机器体积都很大，一大排机器，比如说五对喷雾机和烘干机，长度能达到 40 ～ 60 米（130 ～ 150 英尺）。一般连在一起的机器在 3 ～ 5 对。典型的制革厂几乎总是至少有两个独立的喷雾线。

制革厂有时会在半苯胺皮上喷不同种类的添加剂。首先，他们可能会喷几层染料遮盖瑕疵。其次，根据客户的需求，再在皮子上喷不同的涂层以达到不同的质量，比如，让皮子表面更有光泽，或使皮子能够防水。

对于高质量的半苯胺皮（但是质量还没有高到可以把它们制作成纯苯胺皮），制革厂可能会限制喷雾的处理，只做一层塑料膜，或者做防水，或者做磨光。甚至最干净的喷雾添加剂也会给皮子造成小污点，或使皮子退色。

要记住，皮子喷雾的结果永远会有一个不可避免的遗憾出现，那就是皮子会丧失一些柔软度。一张皮子甚至只喷雾一次，哪怕用的是很薄的膜或很淡的染料，摸上去也会明显感觉要比没喷过雾的同等质量皮子硬。

总之，你也许会把半苯胺皮的等级排在用同等质量的兽皮做的苯胺皮之下，但是你也应该知道，很多精心制作的半苯胺皮有可能惊人的美丽，实际上难以与苯胺皮区别开来。它们的价格也可能和苯胺皮一样贵，甚至更贵。对于你来说，也许它们比起苯胺皮是更好的选择。

图 2–21　喷皮

装饰技术

  制革厂为修饰皮革创造了独特的装饰技术。最常用的是压花。带有各种图案的金属压花板（图2-22）放在特殊的压花机器里（图2-23），图案有仿制的美洲鳄鱼、鸵鸟、犀牛、大象或者其他罕见的、受到危害的或灭绝的鸟、爬虫动物、两栖动物或哺乳动物。皮子单张喂进机器，压成整张花纹皮，经常难以分辨与原版本的差别。

  其他可选择的装饰还有贴箔，当给皮子施以热压时，可以制造出任何可想象的颜色的金属涂层。厚膜层可用于制作黑漆皮。皮子可以类似布那样印花，可以洗涤，可以为制作仿古服装风格而做旧。激光裁剪可以制成像花边那样复杂的图案，而皮革褶裥可以把皮革织成"布"，增加立体感。绗缝、嵌花和刺绣以及背面粘合莱卡织物以制成"弹力皮革"等工艺都增加了皮革的多样性。一些设计师直接与制革厂合作开发独有的技术，从而增强了竞争优势，还有一些制革厂创造出自己的装饰技术，比如拼缝工艺、装饰用衣褶、蕾丝饰边、手工加工、扎染、绘画和钩针编织。使用饰钉、宝石、缘饰、念珠或其他的饰品都能增加皮革的魅力。

图2-23　压花机

图2-22　用于制作有图案的皮子的压花板

第3章
设计的过程

　　本章将概述设计师可能会用到的设计皮革和人造革服装的技术。当然，设计师的创作方法不能一概而论，很多伟大的设计师所用的创作方法大不相同。

设计灵感

服装的设计通常始于一个灵感。灵感可能是面料本身，也可能是一个人，一个地方或一件事情。

设计师最重要的属性是对周围世界永存的好奇心与观察力。要不断推出体现创造力和风格的服装，需要有市场导向。最好的起步地点是时装流行趋势发布会、博物馆和图书馆，还要随时观察当前的文化主题。

确定你的用户

如果你准备设计别人买得起、愿意穿的衣服，首先要了解顾客的年龄和经济状况等。如果你的顾客是年轻人，你就要设计新潮的、有趣味的和他们买得起的衣服，因此，就应该特别注意你选来做设计的皮子的价格。同样，如果你的顾客年龄大一些，更成熟一些，你就要设计更保守或更传统的服装，把注意力放在有趣的细节上。你必须永远根据顾客的价位点去选择皮革。

到商店去

市场调研是直接观察竞争对手的动向以及了解你的顾客购买取向的最好的第一手资料。你也应该趁机看看其他设计师使用的皮革类型、当季服装的轮廓和价位的情况。

参加时装流行趋势发布会

大多数设计师，尤其是面对大众市场的设计师，应该知道时装业发展趋势服务机构对下一季的预测。虽然没有针对皮革服装流行趋势预测的机构，但是像皮克勒斯（Peclers），普雷莫斯特（Promostyl）和多杰（Doneger）集团等机构提供的信息可以作为皮革服装生产商的参考。这些服务机构以会员价提供预测流行色、面料、款式和趋势的信息。纤维制造商棉产品联合协会和杜邦公司（Fibre manufacturers Cotton Incorporated and DuPont）免费提供流行趋势和流行色信息。

参加展销会

全年都有大量的皮革展销会。这些展销会可以使设计师了解皮革鞣制与皮革设计方面的最新趋势和进展。在这些展销会上总是会介绍新的加工方法、颜色和皮革的质地。皮革设计师也应该通过参加高端的纺织品展销会，了解纺织品的最新发展趋势。这样的展销会有每年三月和十月举办的法国巴黎国际纺织面料展（Premier Vision in Paris）和每年四月和11月举办的美国纽约国际时装面料展（International Fabric Fashion Fabric Exhibition in New York）。

旅行中找灵感

很多大众生产商到纽约、洛杉矶、巴黎、阿姆斯特丹、伦敦、米兰、佛罗伦萨、慕尼黑、杜塞尔多夫、蒙特利尔、东京、巴塞罗那和布鲁塞尔寻找灵感。这些生产商的设计师会把商店橱窗里的商品拍摄下来，画出看到或买到的日后想在自己服装中模仿或借鉴的商品草图。这是让他们公司管理层直接看到新产品和新趋势的第一手资料。

阅读行业出版物

设计师应该经常阅读时装杂志，了解流行色和流行趋势。看顶级杂志提供的一系列资源。除了专业的皮革服装杂志，设计师也应该阅读所有美国和欧洲最重要的时装杂志，例如 Vogue、Harper's Bazaar、Elle、Marie Claire、L' Uomo 和 Collezioni。设计师还应该经常阅读行业报纸，例如 Women's Wear Daily，了解最新的信息。如果是美国皮革工业协会（Leather Industries of America）或者皮革服装协会（the Leather Apparel Association）的会员生产商旗下的设计师，也应该阅读这些行业机构定期出版的时事通讯，了解最新信息。

在博物馆和图书馆里进行研究

设计师可以从很多渠道获取灵感，但是最好的方法是研究过去的设计师们做了什么。世界各地的很多博物馆，比如伦敦维多利亚和艾伯特博物馆（Victoria & Albert Museum in London）、纽约大都会艺术博物馆（Metropolitan Museum of Art）和时装技术学院博物馆（the Museum at the Fashion Institute of Technology，FIT），都会展出某些设计师和/或某个历史时期的服装，这些展览可能会对当前的流行趋势有惊人的影响。纽约的FIT有很好的展览，并有一个极为丰富的服装图书馆，巴黎的流行服饰博物馆（Musée de la Mode）也是一样。所有这些博物馆和学院都有图书和杂志图书馆。

前页整版照片：恩利克·卡维蕾（Enrico Cavalli）这件紧身女胸衣的连身裤装引起巨大轰动。裤装采用性感的挖剪工艺，用金属色皮革制成。

拉尔夫·鲁奇（Ralph Rucci）的设计过程是从画一系列的草图开始的。他工作室的墙上钉着为2009年春天设计的草图，图上是一件白色丝薄纱双面绉上衣和一件收腰合体丝薄纱双面绉和服。

鲁奇的熟练技工能够把他的想法体现在皮"织物"上。他为2008年秋天设计了一件羽毛裙，搭配一件日本武士编织皮紧身背心。

鲁奇设计的一件精细雪纺绸白色衬衫和斜纹丝／毛锤花缎裤子，外面是一件像日本编篮的编织皮夹克。

鲁奇在艺术家路易斯·内凡尔森（Louise Nevelson）的作品中获得了灵感，设计出了用暗棕色鳄鱼皮珠片仿制凸条的黑色乔其纱保暖套装。

关注非时装事件和趋势

设计师应该随时知道自己周围发生的事情。音乐、电影、舞蹈、戏剧的当前流行趋势，甚至地方新闻都可能是潜在的设计灵感来源。过去的一些主要的时装趋势都是受这些方面影响的结果。例如，很多设计师把他们的服装与音乐，如垃圾摇滚和嘻哈音乐，结合在一起。坐在公园长椅上或街边咖啡屋里随意地观察周围的人也会激发出灵感。

组织和筹划你的发布会

如果你按照这些步骤做了，你应该有足够的信息开始组织和筹划你的系列产品。通过对顾客服装兴趣取向和经济状况的观察，你应该对你的创作有了很好的想法。

例如，乔丹·贝滕是和高级客户很投缘的设计师。他声称，他的服装作品是受到"面料本身的启发，还有与摇滚乐密不可分的仪式的和原始的衣服形式的启发，以及我自己生活的启发"。著名人士如雪儿·克罗、史蒂芬·泰勒（Steven Tyler）、蓝尼·克罗维兹（Lenny Kravitz）和布兰妮·斯皮尔斯（Britney spears）都穿他定做的手工缝制的皮衣。

做过调研之后，你应该知道下一季主打什么皮革。你可以选择 2～6 种颜色（每种质地的皮子）建立一个色彩故事，你认为这些颜色是发布会上服装的主要要素。

对于以大众市场为导向的较大的公司来说，把你的想法和观点条理化的最好的方法之一是设置一块主题板或灵感板。之后，你也可能想设置一块款式板。这些板有助于使你的设计视觉化，并向你生产商的推销人员和零售店的进货员展示你的设计理念。

把主题板与款式板结合起来做比较合算，因为这两个板都是为了帮助你和你的生产商在开始昂贵的制样过程之前先确定设计构思的可行性。

建立情绪板

情绪板（也被叫做概念板或主题板）是一种形象化的陈述，用来传达总体理念，或者传达你认为能帮助你向目标顾客推销你的设计的情绪。

大多数情绪板是一些照片拼贴、撕页、书或杂志上的翻拍照片。也可以贴一些电脑生成的扫描图像，打印出来，贴在 5 毫米（1/4 英寸）厚的泡沫芯板上。一般泡沫芯板的尺寸是 50 厘米 ×75 厘米（20 英寸 ×30 英寸）或者是 75 厘米 ×100 厘米（30 英寸 ×40 英寸）。

这些翻拍的照片和撕页能够补充说明你的色彩故事，你可以用艺术家的素材给人留下尽可能深的印象。当你展示你的展板时，观众是站在几米之外的地方观看，所以你的视觉材料必须足够大，以便每一个观众都能从远处看到。永远选择那些最有视觉冲击力的素材，这样你的展板就能迅速抓住观众，给他们留下深刻印象。

你的展板一定要包括下列内容：

（1）1～2 张你的目标顾客的照片。要准确地描绘出谁将是你的产品的买主，这一点很重要。

（2）3～5 张能说明你推荐的主题，或者能表达你创作的"情绪"的图片，确保这些图片有意义，而不是含糊不清。

（3）推荐的饰物或其他一些物品。如果某种纽扣的样式正好能表达你的想法，就在展板上粘几枚。如果想传达一种军事感，就放上去一枚真的肩章或几枚奖章。

美国吉斯瑞皮衣有限公司的一个品牌安德鲁·马克（Andrew Marc）把他们 2009 年秋季的时装发布会建立在了三个不同的灵感来源上：光滑的机器，侧面鞋扣靴的纽扣让人联想到 M&M 糖果和"卷曲"的物品。利用图片可以强调目标市场，在这个案例中，图片中是一个 25～50 岁性感但不前卫的都市女性。这三组都选择了黑色、棕色、深红色和金属银色或铜色，与 DAN 品牌的"新潮"但不做"流行的牺牲品"的理念相符。

制作有趣的情绪板的提示

有很多方法进行情绪板的设计。下面是一些特别的建议，以使你设计的板有趣而高效：

（1）仔细布局。把你的照片、撕页、小块样布和其他材料尝试着放在板的不同位置，直到最佳效果为止。你的主题板应该是兴趣盎然的，当然也必须能够有效率地传达你的信息。

（2）可以加进一些你推荐的皮子小样。这些小样要做的足够大，以便预期的观众能区别它们各自的特色。样片不应该小于 5 厘米 ×7 厘米（2 英寸 ×3 英寸）。有时也可以通过折叠和 / 或艺术排列小样的方式做出三维效果。如果使用带图案或压花的皮子，皮子小样需能有效地展示出整体图案。有时设计师会用尼龙搭扣把样片粘在板上，以便详细说明时能方便地移动。

乔丹·贝滕（中间戴帽者）正和他的工人一起进行复杂的一次性的手工制作。这些服装是专为他的名人客户定制的，极有价值。

近10年来，贝滕的客户中包括很多摇滚明星和音乐人。

贝滕在他的灵感来源里列入了唱片封面、串珠和皮料。

设计和销售你的发布会

设计师常以不同的方法开始实施设计的过程，有的从轮廓入手，而另一些是受到某种皮子或物件的启发。多数设计师首先会绘制草图。一旦他们觉得感觉对了路，就会开始专心地加以完善。有些设计师在开始编辑过程之前，会把所有的草图贴在墙上或者软木板上。

安德鲁·马克制作了一个不一样的主题板（参见第79页）——一个滑动的嵌板，这样可以很方便地把自己的想法拿掉或添加上去。注意运用"道具"传递信息，比如拉链样品、侧面鞋扣靴的样本或剪羊绒小样。

设计和销售你的发布会

好的设计师会以分组的方式销售规划独有的风格，并关注每组中款式的搭配。例如，外套合理搭配的系列应该是每组里包括多种款式，如短夹克、中等长度外衣、中长大衣和长大衣。这种系列也包括按衣领的式样来分类，如西装领、毛绒领、立领和帽领等。

合理搭配成组的创意目的是激发进货员在一组服装中购买几种款式的欲望，从而使你的销量最大化。例如，你只给进货员提供各式短夹克，那么他或她只会考虑买这些短夹克中的一件。如果你提供几个组，每一组中包括一件短夹克、一件中长大衣和一件长大衣，那么进货员可能会考虑购买一整组中的三种款式。通过向进货员展示你合理搭配的系列品种，你很可能向每家进货员推销出去的是三款而不是一款。

同样原理也适用于运动装的销售。然而，你通过提供多品种的风格与组合来平衡各组服装。

款式板

款式板可以包括某个主题中所有款式的平面草图。一般而言，草图要表现一件服装的前后两面的视图。草图要画的足够大，让人能够看到服装的细节。每个草图一定不要小于7.5厘米×10厘米（3英寸×4英寸）。有时，款式板展示草图上服装的款式是为了让时尚人物穿着获得更戏剧化的效果。

对于量大的服装，设计师为了能充分表达他们的设计想法，通常会准备两个板，一个主题板，一个款式板。

如果服装的量较少，设计师会把主题板和款式板合二为一。

无论用几块板，款式板都应该准确描述如下内容：

（1）目标顾客。

（2）指定的皮料。

（3）色彩故事。

（4）情绪。

（5）系列中的各种款式。

经过精心研究、精心设计和使用主题板与款式板展示的设计想法可以保证增加销量，降低成本。这些板对于设计师来说是条理化的工具，对于推销员是销售的平台，对于进货员是导购教具。展板也能防止生产商把构思不理想的设计继续做下去，浪费宝贵的生产时间和昂贵的制样成本。

设计过程中余下的步骤

最佳款式一旦获准制作样品，接下去的步骤如下：

（1）样板师制作样板。

（2）样衣师缝制一件细布或帆布样衣。

（3）设计师对细布样衣做必要的修改。

（4）样衣师裁剪、缝制样衣。

（5）设计师对样衣成品做出修改，直到满意为止。

如果公司在海外生产，当服装获准制样后，接下去的步骤如下：

（1）设计师填写设计/规格单，注明海外样衣师需要了解的一切有关设计的问题，包括确切标明所使用的皮料。

（2）海外工厂将按照设计单工作，并把按指定皮料缝制的样品送回。

（3）设计师检查和调整样衣，并告知海外工厂要做哪些修改。

（4）海外工厂继续修改衣服，直到设计师满意为止。

安德鲁·马克的"卷曲"主题的灵感来自于卷发和羊毛。

M&M 主题板展示的是以包扣为特色的配饰和服装，让人联想到彩色的小糖果。

安德鲁·马克工作室里的滑动嵌板，很方便对主题进行存取和修改。

剪羊绒主题板说明"卷曲"主题，运用了剪羊绒和皮饰搭配用的设计过程。

设计师安德鲁·马克采用了 M&M 主题，绘制出鲜亮的软羔羊皮草图的轮廓，并加入了侧面鞋扣靴的设计细节。这块板也用羊毛和金属皮革搭配的设计突出了源自光鲜时尚的主题。

安德鲁·马克与他的时尚顾客品位一致，当与他的主题板放在一起时。

第 4 章
计　划

　　用皮革或绒面革进行设计时，有些事情你应该记住。要考虑的最重要的一点：什么类型的皮子最能表现我想要的设计？在这一章里，我们将看一看不同类型的皮革的特点，了解怎样为你的设计选择合适的皮革，以及如何计划你的图案以充分利用皮子。

手感

就像任何织物一样，皮革也能制成各种各样的质地和品质，这一部分取决于原皮，另一部分取决于对皮子进行鞣制和加工的技术。正确选择皮子是设计的关键。

一张皮子是硬挺还是柔软，这个感觉被称为**手感**。正如你会选择柔软的布料制作一件多褶衫一样，你也会选择柔软的羊皮做一件美丽轻柔而又性感的绒面革衬衣。同样，如果你想做一件有很多饰缝细节的紧身裙，你可能要选择坚挺的皮料，比如猪皮。

重量

皮子的**重量**与它的手感密切相关。皮子与皮子的重量差别很大。皮子的重量以 1 平方英尺（0.092 平方米）皮子的盎司（千克）数量来表示。一般而言，1 平方英尺的皮子重 1 盎司（0.028 千克），约 0.4 毫米（$\frac{1}{64}$ 英寸）厚。如果你订购一张 "2 盎司的皮子（0.056 千克）"，你一般会买到一张大约 0.8 毫米（$\frac{1}{32}$ 英寸）厚——两倍于 "1 盎司" 的皮子。大多数商家以毫米而不是英寸的分数来商谈。表 4–1 提供了根据重量估算厚度的换算：

表4-1 皮革厚度与重量

英寸	毫米	千克(盎司)
$\frac{1}{64}$	0.4	0.02 (1)
$\frac{1}{32}$	0.8	0.05 (2)
$\frac{3}{64}$	1.2	0.08 (3)
$\frac{1}{16}$	1.6	0.011 (4)
$\frac{5}{64}$	2.0	0.014 (5)
$\frac{3}{32}$	2.4	0.017 (6)
$\frac{7}{64}$	2.8	0.019 (7)

下面是一个简单的确定重量与厚度的粗略算法（表 4–2）：

表4-2 粗略算法

0.1毫米=7克（$\frac{1}{4}$盎司）

1.0毫米=70.8克（$2\frac{1}{2}$盎司）

制作服装时不要选用重量大于 $2\frac{1}{2}$ 盎司（1 毫米）的皮子。一般制作上装的皮子约 $1\frac{1}{4}$ ~ $1\frac{1}{2}$ 盎司（0.5 ~ 0.6 毫米）。制作裤子的皮子约 $1\frac{3}{4}$ ~ 2 盎司（0.7 ~ 0.8 毫米）。皮外衣差不多是 2 ~ $2\frac{1}{4}$ 盎司（0.8 ~ 0.9 毫米）。

如果你打算买皮子做一条长裙，应该选择重量轻的羔羊皮而不是猪皮。但是，如果你做一条绒面皮牛仔裤，你应该考虑用猪绒面革，因为它的重量重，耐磨性能好，而不要选择羊皮。

皮子的尺寸

皮子的大小因动物而异。**皮子**（skin）用来指小动物的毛皮。较大动物的毛皮称为**兽皮**（hide）。有些皮子可以小到 2 平方英尺（0.18 平方厘米），如山羊皮。而一整张牛皮可能有 60 平方英尺（5.5 平方米）那么大。实际上，因为马、牛和水牛皮太大，大多数制革厂在把它们运给生产商之前，会把这些皮切成两块，从背部切开，制革厂和生产商管这种切成两块的兽皮叫做**半张革**。

皮子的大小经常意味着你的设计中需要多少片料。这些是做衣服的时候所需要的接缝。显然，如果你打算用山羊皮做一件绒面皮长大衣，比起用较大的皮子来做，就会有更多的接缝（或片料）。所以，如果你想避免服装上有过多的分割缝，就应该选择较大的皮子，比如猪皮、牛皮，甚至马皮。当然，皮革很贵，你可以通过增加片料的数量来降低服装成本。把纸样裁片看做是拼图碎片。纸样裁片越小，越容易套裁，这样整张皮子都可以利用上。纸样裁片越大，套裁越困难，将会导致浪费。

制作设计用的片料很重要。没有什么比一件片料错位的衣服更难看的了。片料设计不好，可能会毁了一件本来会很漂亮的衣服。后文将对这一点进行更详细地讨论（参见第 88 页）。

前页整版照片：玛兰蒂诺（Malandrino）为 2003 年时装展设计了这件工艺精湛的杂色拼布外衣，制作这样的服装需要很好的计划和对皮革的精心挑选。

皮子的测量

标准的测量单位是平方英尺（0.092 平方米）。由于皮子不是方的，而是不规则的形状，制革厂不可能测量出一个理想的平方英尺。所以，制革厂使用测量机（图 4–1）进行测量。他们把两个数字印在皮子的背面。通常第一个数字比第二个数字大很多，于是你能很容易读。第一个数字是平方英尺整数。第二个数字是以四分之一表示的平方英尺的百分比余数。例如，"51" 就是 $5\frac{1}{4}$ 平方英尺（0.48 平方米），"52" 就是 $5\frac{1}{2}$ 平方英尺（0.51 平方米），"53" 是 $5\frac{3}{4}$ 平方英尺（0.53 平方米）。

在计算你的设计用量时，你应该估计一下将要用的皮子的平均尺寸，然后用你的纸样估算做每件服装时会用多少皮子。例如，如果一张英国产皮子的平均尺寸是 7 平方英尺（0.65 平方米），那么在纸上画一个与之相等的面积。这个面积通常是个近似于 2 英尺 × $3\frac{1}{2}$ 英尺（0.60 米 × 1 米）的长方形。把你的纸样放在 "皮子" 上面。尽可能多的让纸样覆盖皮子，然后把这些纸样放到一边，再把余下的纸样放在皮子上。用完所有的纸样后，把用过的皮子总面积加在一起。

记住皮革和绒面革是天然产品——上面可能有划痕、洞、褶皱及其他缺陷。考虑到这一点，你应该在计算时多加一些量。如果你计划用低质量的皮子，要留出 10% 的加工余量。用高质量的皮子，要留出 5% 的加工余量。

如果你想把原有的布料设计改用皮革设计，你可以用表 4–3 中的公式计算出所需要的皮革用量。

表4-3 皮革计算转换

布料服装		皮革服装
宽	长	皮革面积
1.37米 （54英寸）	0.91米 （1码）	1.2平方米 （13平方英尺）
0.91米 （36英寸）	0.91米 （1码）	0.83平方米 （9平方英尺）

注 任何布料改成皮料都要加5%~10%的损耗量。

让·克劳德·吉特罗斯（Jean Claude Jitrois）为 2008 年时装展设计的用羔羊皮和狐狸皮制作的大衣，搭配一条羔羊皮弹力裤。

图 4–1 测量机

皮子的特性

表 4-4 ～表 4-6 中描述了不同类型的皮革和绒面革的主要特性。

皮子类型	皮子尺寸 平方米(平方英尺)	重量 千克(盎司)	特性
表4-4　不同类型的皮革特性			
羚羊皮	0.46～0.83(5～9)	0.05～0.08(2～3)	很细腻，重量轻，天鹅绒般的绒毛，柔软
雄鹿皮	0.65～0.83(7～9)	0.05～0.37(2～4)	原来由雄鹿或鹿皮制作，现在用小牛皮或绵羊皮制作；柔软、结实、耐用
麂皮	0.65～0.83(7～9)	0.18～0.27(2～3)	原来用羚羊皮制作，现在用绵羊、羔羊或小牛的内面皮制作。用鱼油或鱼肝油鞣制会更结实、更有弹性；柔软、轻、皮子小，颜色浅黄，可洗
羔羊绒面皮	0.46～0.65(5～7)	0.18～0.27(2～3)	由小绵羊或小羊羔皮制作；柔顺、细腻
绵羊皮	0.65～0.83(7～9)	0.18～0.27(2～3)	与羔羊皮的质地、外观相仿
母牛皮	1.67～2.32(18～25)	0.18～0.29(2～3¹/₂)	由厚牛皮剖成两层薄皮制作；以两面制绒为特征；质地粗，结实
猪绒面皮	0.83～1.48(9～16)	0.27～0.37(3～4)	以除毛后留下三组小孔为特征；结实、耐用、坚硬；比羊皮便宜，比牛二皮要贵
猪二皮	0.83～1.48(9～16)	0.27～0.37(3～4)	由厚猪皮剖成两层薄皮所制；以两面制绒为特征；粗糙、结实、耐用、坚硬
小山羊皮	0.27～0.55(3～6)	0.02～0.05(1～2)	由小山羊皮制作；柔韧；有些可制成绒面
山羊绒面皮	0.37～0.55(4～6)	0.05～0.08(2～3)	用成年山羊皮制作；柔软但不如羊皮软；比羊皮小，更浓密
小牛皮	0.83～1.39(9～15)	0.04～0.11(1¹/₂～4)	用小牛皮制作，严密，表面光滑、柔软
羔羊皮	0.27～0.83(3～9)	0.04～0.08(1¹/₂～3)	用非洲南部绵羊毛做成；柔软但结实
羊皮	0.46～0.83(5～9)	0.05～0.08(2～3)	西班牙意为"山羊"；现在由美国南部无绒毛羊而不是有毛类型的羊皮制作；光滑、毛顺、有弹性
牛皮	1.67～2.32(18～25)	0.34～0.38(2～3¹/₂)	结实、耐用、厚实；不如小牛皮光滑；比羊皮或小牛皮便宜
母羊皮	0.27～0.46(3～5)	0.02～0.05(1～2)	通常为羔羊皮或绵羊皮；轻；软，柔软；可加工成细绒面，可水洗
鹿皮	0.83(9)	0.08～0.11(3～4)	用麋鹿和鹿的内面皮做成；用鱼油鞣制；柔软而结实；米黄色；可水洗
马皮	2.32～3.25(25～35)	0.04～0.11(1¹/₄～4)	粗糙，瑕疵多，颜色不匀（除非染色）；"科尔多瓦皮"用马的后臀制成；小马皮为25平方英尺，马皮是35（+）平方英尺

皮子类型	皮子尺寸 平方米(平方英尺)	重量 千克(盎司)	特性
猪皮	0.83～1.48(9～16)	0.08～0.11(3～4)	表面粒纹明显，粗糙，耐用
鸵鸟皮	1.11～1.3(12～14)	0.05～0.08(2～3)	鸟皮，拔毛后内皮上留有小包；这一效果经常见于皮革压纹；产自南非、以色列和津巴布韦
美洲野猪皮	0.83～1.48(9～16)	0.08～0.11(3～4)	美洲中部和南部的野猪皮，外观像猪皮
无绒毛羊	0.37～0.55(4～6)	0.01～0.02($^1/_4$～1)	毛像头发的绵羊
羔羊皮	0.46～0.65(5～7)	0.01～0.02($^1/_4$～1)	由羊羔或小绵羊的皮制成
幼兽皮	0.83～1.39(9～15)	0.01～0.11(1$^1/_2$～4)	公或母牛皮，大小在小牛与成年动物之间
剪羊绒	0.46～0.65(5～7)	0.02～0.05(1～2)	未剪毛羔羊和原毛绵羊的皮
山羊皮	0.37～0.55(4～6)	0.05～0.08(2～3)	粒面有粗糙感
小牛皮	0.83～1.39(9～15)	0.04～0.11(1$^1/_2$～4)	大的小牛皮
英国国产皮	0.46～0.65(5～7)	0.01～0.02($^1/_2$～1)	产自英国的羔羊皮；外观密而干净
新西兰羊羔皮	0.46～0.65(5～7)	0.01～0.02($^1/_2$～1)	产自新西兰的羔羊皮；较英国国产皮粒多，弹性好
眼镜蛇皮	0.27～0.37(3～4)	0.01($^1/_2$)	产自亚洲和东南亚的大蛇
蜥蜴皮	0.09～0.13(1～1$^1/_2$)	0.02(1)	有小鳞片；通常产自南美和印度尼西亚
鲨鱼皮	0.13～0.65(1$^1/_2$～7)	0.04～0.08(1$^1/_2$～3)	有小鳞片，通常为棕或白色或黑加白色；非常耐用；产自加勒比海和墨西哥湾（有些种类濒临灭绝）
象皮	8～10/PC.	0.05～0.22(2～8)	非常厚，粗糙，通常为灰色或棕色；皮面不平（有些种类濒临灭绝）
河马皮	见尺寸注→	0.05～0.22(2～8)	大，粒面独特；以各种尺寸的面积出售（濒临灭绝）
大蟒蛇皮	0.55～0.83(6～9)	0.04(1$^1/_2$)	产自南美（有些种类濒临灭绝）

表4-5 新颖皮

类型	特性
漆皮	一面涂有防水层的皮革，经过处理的表面有光泽和反光
珠光皮	上色的皮革，如珍珠般的光泽
压花皮	有浮雕图案的皮革，浮雕由金属模板热压而成
印花皮/绒面革	丝网印花或手绘的皮革
仿旧皮	处理成摩损和粗糙的皮子，生产商通过机械加工或筛网印花获此效果
磨砂革	粒面经过摩擦的皮子，经常用羊羔、牛或小牛皮制作。看上去像绒面皮革，但有密集的质量低的绒面

表4-6 特殊皮

类型	皮子尺寸 平方米(平方英尺)	重量 千克(盎司)	特性
短吻鳄	0.55~1.3 (6~14)	N/A	类似鳄鱼，但鼻子不明显且更短。有些种类濒临灭绝
蟒蛇	0.74~1.8 (8~20)	N/A	大蛇皮，76厘米（30英寸）长，多数用于箱包、鞋和靴子
青蛙皮	0.37~0.55 (4~6)	N/A	产自日本的小皮，通常制作钱包，有些种类濒临灭绝
海豹皮	不使用	N/A	黑色闪光皮，濒临灭绝
鱼皮	0.09~0.18 (1~2)	N/A	通常指鲑鱼、鲤鱼或鳕鱼
鞭蛇皮	0.55 (6)	N/A	印度水蛇，比较便宜，装饰用佳品
鳄鱼皮	0.15~0.40 ($1^1/_2$~4)	N/A	皮硬，有鳞状纹理，有些种类濒临灭绝

注 特殊皮通常不按重量出售。

购买皮子

你应该尽量亲自去买皮子。这样做有时可能要花许多钱，跑很远的路。但如果你购买量大、质量好、数量足，实际上等于节省了钱。在你检查皮子的时候，下面是一些要注意的事项：

（1）要确定你看到的真是你要买的皮子。有时，商人可能极力想用另一种皮子来冒充。除非你很懂得你看到的皮子，不然你可能会被欺骗。

（2）研究本书中关于皮子特性的图表（表4-4），确定你了解这种皮子的外观。

（3）闻一闻皮子。它是不是有难闻的味道？有一些鞣制不好的皮子有一种干洗都去不掉的怪味。

皮革各部分的名称

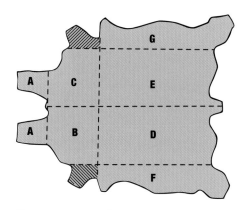

头	A
肩	B+C
脊	D 或 E
腹部	F 或 G
一面	A+B+D+F 或 A+C+F+G
背	B+D 或 C+E

检查皮子的时候，要记住，纳帕革，或者说外面，应该是皮子质量最好的部位。如果纳帕革有过多的伤痕、洞或掉色，那你应该明白你看到的皮子不是很好。你可能会在腹部、脖子和腿一带发现污点、拉痕或颜色深浅不一的情况。但是，尽管有这些缺陷，聪明的裁剪师会充分利用这些部位，把它们用于衣服的隐藏处，或者用在装饰配件上。

注意看皮子上面有没有小洞。如果平放在桌子上面看，你可能看不见，所以要拿起来对着灯看。随着时间的推移，那些不起眼的小洞会慢慢变大，毁掉你的成衣。

染色不匀会引起**颜色深浅不一致**。一张皮子的不同部位显出颜色变化时，就说明存在染色问题，如果用它来缝制同一件服装，各部位的颜色就不可能相配。全苯胺皮上会有轻微的颜色差异。半苯胺皮也会有染色问题，

但是比苯胺皮的程度要轻得多，因为它们经过特殊的喷雾处理。

要选择重量大体相同的皮子。同一捆里的皮子其重量经常会不同。你应该不希望一只袖子比另一只袖子厚。

确认皮子表面的粒纹一致。有些皮子的粒纹较其他同类皮子上的粗。好的衣服应该讲究粒纹一致。

你也应该比对所有皮子的颜色。因为同一捆颜色的皮子也会出现深浅不同。你可以把皮子铺开，对折，一张张错落叠置，每张上边留出15厘米（6英寸），这样你就可以一目了然了。

正如前面说过的，你应该为你的设计计算出用皮量，购买时要比那个数量多一些。瑕疵较多的皮子会加大用量，所以要比需要的多买一些，避免同一批料用完，无法配置到颜色深浅一致的皮子。

如果你通过邮件或电话订购，要确保你清楚地传达了你需要的皮子类型和质量。如果供应商没有你需要的皮子，想提供给你代替品，一定要求看皮子的样品，下订单之前要先确认。要详细说明你想要的皮子尺寸。如果你打算用6平方英尺（0.55平方米）的皮子剪裁，他们运给你的只有4平方英尺（0.37平方米），你可能就没有足够的生皮完成生产。

一般而言，皮子是依据A、B或C的质量分类的百分比来购买。有些供应商把它们叫做第一、第二或第三质量的皮子。你甚至可能看到他们写成1#型、2#型等等。常有的选择是：60%A、30%B、10%C，或者50%A、30%B、20%C。然而，百分比的分类在制革厂之间是不同的。

一捆为12张皮子的计量单位。捆通常卷成卷，系起来。一捆通常代表人约3 000平方英尺（278平方米）的皮革。制革厂用集装箱打包装运。如果你购买的量小，比如40平方英尺（3.7平方米），供应商可能不想为你把整捆拆开，也许会让你买一整捆。

如果你只想买A等或第一质量的皮子，多数供应商会让你多支付30%的保险费，除非你是长期的优质客户，或者购买的数量非常大。一些商人根本不会单卖给你A等皮子。

服装制板

无论你是自己打样，还是从像简单（Simplicity）或者麦克科尔（McCall）这样的大制样公司买纸样，都要注意下列几点：

（1）开始做样板之前，尤其在你购买皮子之前要想好。考虑一下你的终端用户——那个最后将购买你服装的人。

（2）如果你打算用很薄的皮子，记住你的购买人会发现这样的皮子很容易磨损或产生擦痕，有增加退货的可能性。重一点的皮子，虽然不够时尚，但能穿的时间更长。

（3）你的购买人能够没有风险地清洗你的皮衣吗？

①避免混用对比太大的颜色，比如黑色与白色，除非你确信干洗时，深颜色不会染到浅色的部位。用白手帕试验来确认服装颜色的稳定性。用手帕沿着衣服的内面磨擦，如果颜色很容易磨出来，你就会遇到掉色的问题。

②不要把硬物系在你的服装上，除非你确定干洗店在清洗之前能轻易拿掉。

（4）你对皮子的选择是否适合你准备设计的服装？例如，如果你设计的是一件大衣，就不要选择羊绒面革，因为它太娇气，不像羊皮那么耐穿。你可以用 0.4 ~ 0.5 毫米（1 ~ $1\frac{1}{4}$ 盎司）的猪绒面革做衬衣，但是不要做紧身裙。可以用 0.7 ~ 0.8 毫米（$1\frac{3}{4}$ ~ 2 盎司）猪绒面革做裙子，但不要做衬衣。

（5）一定要为你的服装做一个细布样板，无论你打算用平面样板、立体样板还是买来的纸样。有了细布样板，你就可以在剪皮子前总能在样板上进行任何必要的修改。

一旦样板裁出来就不容易调整了。你当然不希望服装缝好后再进行修改，因为重新缝的话会露出旧的针眼。

绒面革容许有错误。缝一件绒面革衣服时留下的针眼比较小。你也可以在裁剪之前做一个**合适的细布样衣**，这样可以避免改动成品服装。这个细布试衣能让你确认裁片放在衣服上的合适的位置。

用牵条表示裁边，放在样衣的裁边位置（图 4-2、图 4-3）。要把裁边放在最不起眼的地方，除非你将它们作为设计细节。

裁片要最大利用皮子，这样皮子可以被充分利用。随时问问自己，你的样片是不是裁得比你皮子中质量好的那部分大了。

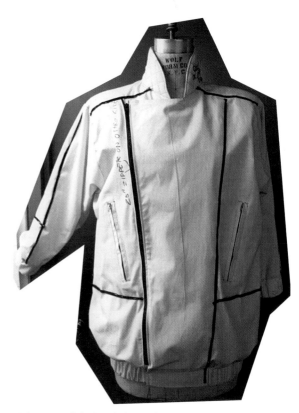

图 4-2　用牵条表示裁片的细布样衣的前身

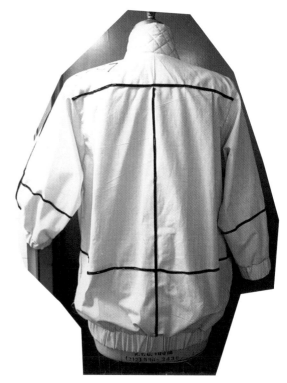

图 4-3　用牵条表示裁片的细布样衣的后身

你应该极力避免把裁边放在你服装的受力部位。比如，不要把它们放在裤子的膝盖一带。一定放在膝盖上面或下面的地方。也有一些审美方面的考虑。比如，裁边放在裙子或裤子的臀围和胯部，容易使女性的这个部位显宽。

你衣服上的裁边越多，使用的皮子就越少。这是因为，你可以在单张皮子上裁剪得更紧凑，就像拼图游戏一样（图 4–4）。

同样的设计，多加一条裁边，把短裤的前后腿分开，我们就能从同一块皮子上得到更多的样片（图 4–5）。在你确定好裁边的位置之后就可以制作硬样板。

在典型的皮革服装厂，一张纸板可能要裁几百件衣服，硬卡纸板是用原纸样做成的。工厂用电动卡纸板切割机——一种特殊的电锯——如斯坦利工业手提电剪刀裁这些结实的纸样（图 4–6）。

即使你裁剪的皮子数量较小，也应该做（或用）**厚纸样板**。硬样板能使你的裁剪更平稳，裁的边更齐整。一定要把买来的纸样做一个硬的复制品。买来的纸样一般是用绵纸绘成的。如果你不复制一个的话，它很快就会变质。

制作硬纸样，要用厚纸样板或别的结实的厚纸。把纸对折成双层，用订书机把毛边钉上，然后剪成合适的样形（图 4–7）。

就大多数接缝而言，缝份大约留出 8 ~ 10 毫米（$\frac{3}{8}$ ~ $\frac{1}{2}$ 英寸）。然而，要接缝和翻缝的边缝，例如，领边和口袋盖，要多留出 5 毫米（$\frac{1}{4}$ 英寸）的缝份。

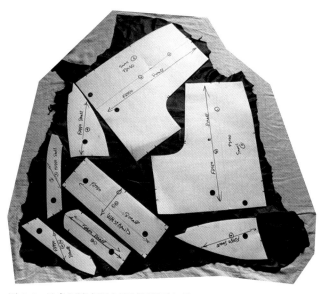

图 4–4 这条短裤表明皮子利用得不合理

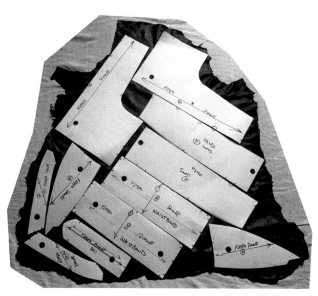

图 4–5 这条短裤表明皮子利用很合理

图 4–6 电动卡纸板切割机和卡纸板

图 4–7 厚纸样板

第5章
设计/规格单

今天的服装制造业是真正国际化的产业。服装可以在一个国家设计，在另一个国家生产。在这个过程中，设计/规格单上写有制作服装所需要的所有信息，起到非常关键的作用。在本章里，我们将了解怎样制作和填写规格单，以保证成衣与原设计相符。

设计/规格单

　　服装的设计完成后，一些公司会制作一个原型，送到生产厂家——不管这个生产厂家位于本国，还是其他地方，而有的公司可能只发送设计/规格单。

　　工厂将细读设计/规格单上内容，然后按照单子上的指导首先制板。单子上列有很多规格。你给生产方制板人员的测量信息越多，你的第一个样品就越准确。

　　过程如下：

1. 设计师发传真、电子邮件或人工把设计/规格单传送给工厂的制样师。

2. 制样师根据设计/规格单制样，做出样板和第一个样品或原型。

3. 然后，设计师检查第一个样品的结构、尺寸规格和整体外观。

4. 设计师直接在设计/规格单上"第二原型"一栏中标注出需要修改的内容，并把单子返回给工厂的制样师。

5. 制样师对第一个原型做进一步修改，或者制作一个新的原型，然后把第二个原型送回给设计师修改。

6. 如果需要，可以继续做第三个或第四个原型。但是，款式通常在第二个原型时已经完全修改完成。

7. 然后工厂制作参考用的最终样品。

　　下面，你将看到一个基本型衬衣的设计/规格单。这种单子也用于标注夹克或大衣的规格。按照这个衬衣的例子，你会看到同样的表格怎样用来标注夹克的规格。

前页整版照片：1974年，保尼·卡什（Bonnie Cashin）设计了这款别致的带背兜的皮夹克和短裤，这意味着它的设计/规格单制定的非常仔细。

消逝艺术的乔丹·贝滕为音乐家
蓝尼·克罗维兹（Lenny Kravitz）
设计的蛇皮裤和棕色皮夹克——
摇滚明星的别致款式。

| 设计/规格单 | 衬衫/夹克/大衣（第一部分） |

公司:	设计本能	款式号:	5039
皮料:	羊绒面革	日期:	09/06/12
服装描述:	女式基本式衬衫	商标:	设计本能
原产地:	韩国	吊牌:	设计本能

颜色脱落		对照差异A		对照差异B		对照差异C	
颜色:	红	颜色:		颜色:		颜色:	

衬里	夹里	内衬	口袋
衣身（上）: 人造丝/化纤 衣身（下）:	衣身:		
袖子　无	袖子	经编针织布	
装饰			

纽扣	NO.2199L/24-7	编织:	
按扣:		尼龙搭扣:	
拉链:		毛装饰:	
拉绳:		松紧带:	
束带:		带扣:	
针眼:		护肩:	
弹簧扣:		锁边:	

草图:

设计/规格单 衬衫/夹克/大衣（第二部分）

尺寸描述	原型cm（英寸）	第二原型	制作样品
尺寸：中号			
日期：09/05/12			
后中衣长	73.6（29）		
后腰节长			
总肩宽	53.3（21）		
后背宽12.7cm（5英寸）	48.2（19）		
肩斜	19.6（$7^{3/4}$）		
腰围拉量$^{1/2}$	59.6（$23^{1/2}$）		
腰围松量$^{1/2}$			
底宽$^{1/2}$	58.4（23）		
袖窿深			
前袖窿弧线	25（10）		
后袖窿弧线	26（$10^{1/4}$）		
从肩距肩袖长	74.9（$29^{1/2}$）		
袖长距后中	82.5（$32^{1/2}$）		
袖窿下2.5cm袖围（1英寸）	22.2（$8^{3/4}$）		
袖口上5cm袖围（2英寸）	15.8（$6^{1/4}$）		
袖口宽	15.2（6）		
袖头高			
前肩宽（肩点下25cm）（10英寸）			
后肩宽（肩点下25cm）（10英寸）			
前插肩袖			
后插肩袖			
胸围（袖窿下2.5cm）（1英寸）	58.4（23）		
颈阔	12.7（5）		
开领（从领嘴到领嘴）			

尺寸描述	原型cm（英寸）	第二原型样品	产品
尺寸：中号			
日期：09/05/12			
前领口深（肩高量）	6.3（$2^{1}/_{2}$）		
后领口深（肩高量）	1.2（$^{1}/_{2}$）		
后中领高（后中量）	6.3（$2^{1}/_{2}$）		
立领	3.1（$1^{1}/_{4}$）		
前中领高			
领尖	7.9（$3^{1}/_{8}$）		
领嘴			
袋宽			
袋深			
前育克高			
后育克高			
胸袋距肩高点			
胸袋距前中	23.4（$9^{1}/_{4}$）		
衣袋距肩高点	8.9（$3^{1}/_{2}$）		
衣袋距前中			
上兜盖宽/深			
上兜宽/深			
下兜宽/深			
下兜盖宽/深			
兜贴条宽/深			

特别说明：

自身颜色。领围和前中心线边缝，衬衣燕尾式下摆，立领和口袋。
袖口边离边距离2.5cm（1英寸）正面缝。

下面是一件拉带夹克的设计/规格单。注意它的格式和衬衫所用的格式相同。

设计/规格单　衬衫/夹克/大衣（第一部分）

公司：	设计本能	款式号：	3066
皮料：	羊皮	日期：	09/09/03
服装描述：	男式拉带夹克	商标：	设计本能
原产地：	印度	吊牌：	设计本能

颜色脱落		对照差异A		对照差异B		对照差异C	
颜色：	黑	颜色：		颜色：		颜色：	

衬里	夹里	内衬	口袋
衣身（上）： 法兰绒 衣身（下）： 斜纹人造丝	衣身：新雪丽	经编针织布	斜纹人造丝
袖子　斜纹人造丝	袖子　新雪丽		
装饰　NO.2胶带			

纽扣		编织：	
按扣：	NO.6199¹/₃–9全部	尼龙搭扣：	
拉链：	63.5cm（25英寸）DTM 塑料拉链NO.5	毛装饰：	
拉绳：	NO.209 DTM	松紧带：	
束带：	No.29 DTM	带扣：	
针眼：		护肩：	
弹簧扣：		锁边：	

草图：

尺寸描述	原型cm（英寸）	第二原型	制作样品
尺寸：中号			
日期：09/10/10			
后中衣长	86（34）		
后腰节长	50.8（20）		
总肩宽			
后背宽12.7cm（5英寸）			
肩斜			
腰围拉量/2	64.7（$25\frac{1}{2}$）		
腰围松量/2			
底宽/2	64.7（$25\frac{1}{2}$）		
袖窿深			
前袖窿弧线			
后袖窿弧线			
袖长（距肩）	81.5（$32\frac{1}{4}$）		
袖长（距后中）	93.9（37）		
袖窿下2.5cm袖围（1英寸）	30.4（12）		
袖口上5cm袖围（2英寸）	18.4（$7\frac{1}{4}$）		
袖口阔/2	10.8（$4\frac{1}{4}$）		
袖头高	5.7（$2\frac{1}{4}$）		
前肩宽（肩点下25cm）（10英寸）	55.8（22）		
后肩宽（肩点下25cm）（10英寸）	56.5（$22\frac{1}{2}$）		
前插肩袖	41.9（$16\frac{1}{2}$）		
后插肩袖	50.1（$19\frac{3}{4}$）		
胸围（袖窿下2.5cm）（1英寸）	68.5（27）		
颈阔	15.2（6）		
领围（从领嘴到领嘴）			
前领深（肩点量）	13.3（$5\frac{1}{4}$）		
后领深（肩点量）	1.2（$\frac{1}{2}$）		

尺寸描述	原型cm（英寸）	第二原型	制作样品
尺寸：中号			
日期：09/10/10			
后中领高	10.1（4）		
立领			
后领高			
领尖	9.5（$3^3/_4$）		
领嘴			
袋宽	6.9（$2^3/_4$）		
袋深	73（$28^3/_4$）		
前育克高			
后育克高			
胸袋距肩高点	29.2（$11^1/_2$）		
胸袋距前中	19（$7^1/_2$）		
衣袋距肩高点	57.7（$22^3/_4$）		
衣袋距前中	6.9（$2^3/_4$）		
上兜盖宽/深	6.3×17.8（$2^1/_2$×7）		
上兜宽/深			
下兜宽/深			
下兜盖宽/深	20.3×7.6（8×3）		
兜贴条宽/深	1.9×15.2（$^3/_4$×6）		

特别说明：

自身颜色。双缝针正面缝：衣领，口袋，口袋盖，袖口，肩缝，背
嵌缝，开襟和领装饰拉链，口袋距离宽度10.4cm（$4^1/_8$英寸），腰缝
和口袋嵌条边缝，袖子开缝，袖口上1.9cm（$^3/_4$英寸）正面缝。

下面是一条裤子或裙子的设计／规格单，演示的是怎样填写一条褶裤的表格。

设计/规格单　裤子/裙子(第一部分)

公司：	设计本能	款式号：	3221
皮料：	羊皮	日期：	09/10/18
服装描述：	女式褶裤	商标：	设计本能
原产地：	中国	吊牌：	设计本能

颜色脱落		对照差异A		对照差异B		对照差异C	
颜色：	棕	颜色：		颜色：		颜色：	

衬里	夹里	口袋	内衬
人造丝/化纤			经编针织布

纽扣	NO.5641DTM-1全部	编织：	
按扣：		尼龙搭扣：	
拉链：	2.5～20.3cm（1～8英寸）DTM	松紧带：	
拉绳：		带扣：	
束带：		锁边：	
针眼：		弹簧扣：	

草图：

设计/规格单 裤子/裙子（第二部分）

尺寸描述	原型cm（英寸）	第二原型	制作样品
尺寸：中号			
日期：09/11/07			
腰围	71（28）		
腰带下前浪	30.4（28）		
腰带下后浪	35.5（14）		
腿围（1英寸）	33（13）		
膝围（12英寸）	25.4（10）		
裤脚围/2	17.7（7）		
内侧长	78.7（31）		
外侧长	107.9（$42^{1}/_{2}$）		
带襻宽/长	0.95（$^{3}/_{8}$）×4.4（$1^{3}/_{4}$）		
腰带宽	3.1（$1^{1}/_{4}$）		
腰带长（边到边）$^{1}/_{2}$	38.1（15）		
腰带下10cm坐围10cm（4英寸）	47（$18^{1}/_{2}$）		
WBN$^{1}/_{2}$下17.7cm坐围（7英寸）	6.3（$2^{1}/_{2}$）		
裙子长度			
下摆			
袋宽	1.2（$^{1}/_{2}$）		
袋长	14.28（$5^{5}/_{8}$）		

特别说明：

自为颜色池缝，口袋嵌条，腰带襻和门襟，腰带包缝，裤子全针。

第6章
分类、辨别色差
和裁剪

制作皮革服装有两个重点要考虑的问题，第一是仔细选择皮子，确保它们相匹配，有一个分类、辨别色差的过程。第二是皮革的裁剪，这是一个与裁剪其他面料不同的技术。这一章将讨论皮革服装制作中这些独特的方面。

分类和辨别色差

各种皮革之间的颜色和粒纹差别很大。要想使你的成衣整体外观好看，首先必须分类和辨别皮子的色差，以使所有的裁片看上去颜色相同。如果你设计的成衣需要用 40 平方英尺（3.71 平方米）的皮子，那你要挑出 48 ～ 50 平方英尺（4.45 ～ 4.64 平方米）的皮子，检查它们颜色的一致性（图 6-1）。

裁剪

布料服装的生产商通常把布料叠起几层进行裁剪，而皮革和绒面革生产商总是一次剪一块皮子。由于皮革每张的大小和质量的差异太大，所以生产商总是在单张皮子上放上纸样，分别进行裁剪。你也应该这样做。绝不要把皮子对折，一次裁两片。

皮革服装生产商在一个特别的木制皮革裁剪台（图 6-2）上裁剪皮子。他们使用短刀，裁剪前把刀在磨刀石上磨锋利（图 6-3）。皮革裁剪师喜欢使用短刀，因为刀小，很适合握在手掌里。还要备一个刀头，以便刀刃钝时作为替换。

专业皮革裁剪师会把纸样放在"正面"，也就是皮子的纳帕面或外面，避开任何瑕疵。他剪皮子的时候，用一只手压住纸样，另一只手握刀进行裁剪（图 6-4）。也可以用一个重物压住纸样，然后用锥子扎眼做出省尖标记，再用短刀做个小口作为刀位。

标志和剪刀法可以替换短刀法用同样的硬纸样来裁剪，把纸样放在皮子的正面，纸样上压一重物使之稳定（图 6-5）。用铅笔或者防水的尖马克笔沿纸样复制，标记出所有的刀位（图 6-6）。不能用钢笔，因为钢笔会造成污迹。你可以用锥子扎小眼标出省尖，但不要用钢笔，因为缝纫的时候，在内面更容易看到钢笔作的标记。

所有的部位标记完成后，你就可以用锋利的大剪刀进行裁剪了，剪刀长度在 17 或 25 厘米（7 或 10 英寸）。你应该在标记线的里面剪裁，不然的话宽度和长度会多出来。切记做刀位的时候剪口不要长于 6 毫米（$^1/_4$ 英寸）。如果剪过长的话，最后可能造成皮革或绒面革刀位处的撕裂。裁完所有的片料后，把它们正面朝上，成双的比对一下，然后卷起来，用绳子系上。这样可以防止皮革出现折痕，到你准备缝纫时再打开（图 6-7）。

前页整版照片：1992 年，臧书瀛（Zang Toi）设计了这件拼接大衣，所用的染色皮革经过仔细的辨别色差，确保颜色和粒纹的一致性。

图 6-1　如何确定颜色的统一

图 6-2　皮革裁剪台

图 6-3　短刀和磨刀石

图 6-4　用短刀裁剪

储存皮子

没有用过的皮革和绒面革绝不要折叠。如果折叠，则上面的折印无法去除。如果可能，储存的时候应该平放，或者悬挂。如果做不到的话，就把它们松松地卷起。两张皮子的纳帕面相对，然后一起卷起来。不要放在暖气附近或阳光照射的地方，因为那样会造成干燥和退色。过于干燥的皮子易碎、易裂。

图6-5 裁剪时用重物压住纸样

裁剪窍门

由于每张皮革可用的部分经常太少，使你不可能在同一张皮子上剪出一件衬衫或夹克的左右两面。你可能会发现自己在同一张皮子上裁剪不同的，甚至是不相干的纸样。这时候你一定不要忘记自己已经剪了服装的哪一面。有一个办法能帮助你记住你的裁剪顺序，每剪完一个左或右的纸样，就把它翻过去，放在一边。确保将要用到的纸样面朝上放。等把一张皮子剪完后，可以用放在一边的纸样去剪下一张皮子。由于你把已经用过的纸样反着放，你就不会忘记哪面已经剪了而哪面还要剪。

裁剪纸样的时候，要记住它们在服装上的位置，以便你挑选粒纹与颜色匹配的皮子。还要注意，皮子上有弹性的地方不应该放在服装受力大的部位或显眼的部位。服装主要部位的纵面应该按皮子的纵向来裁。这样可以保证服装的横纹与皮子的横纹对应，弹性更好。

图6-6 用铅笔作标记

较小的纸样可以在皮子上横裁也可以纵裁。如果你要裁剪一块压花皮子或印花皮子，那么你必须使每块皮子上的图案朝向一致。一些绒面革，比如，猪绒面革，有很明显的绒毛"设计"，如果你要用这样的绒面革，所有的纸样都要朝同样的方向裁。

一定不要为了使衣料大点就把皮子抻长。这样做的话，衣料还会缩回去，不容易合体，接合就不容易平整，造成衣服变形走样。

图6-7 卷起来存放的剪裁好的衣料

第 7 章
缝制皮革服装的用具

与布料相比，皮革是一种坚韧得多的面料，因此，缝制皮革需要使用一些特殊的机器和设备。在这一章里，我们来看看缝制皮革的工具，包括缝纫机、针和用于折边和边缝的胶水。

缝纫

你可以手工或用机器来缝制皮革服装，但是，必须使用正确的设备才能达到好的效果。

确保使用的缝纫机能够加工一定厚度和重量的皮子。大多数家用缝纫机对付不了一定重量的多数皮革。专业缝纫机用三股线，比通常用来缝布料的棉线更结实。

你应该使用像 Juki LU 2220N-7（图 7-1）这样的工业机器，这种机器上装有一个压脚（图 7-2），或者用 Juki DDL 8700L 底送料的锁缝机。这两种机器都可以进行明线缝和几层皮料或绒面革的缝纫。

还可以选择 Brother Nouvelle PQ 1500S 机，这是带压脚的家用缝纫机，适合缝制中等厚度的皮革或者锁边（图 7-3）。

如果你用工业直线缝纫机，应该在机器上装上特氟龙（Teflon）牙、压脚和针板（图 7-4）。针距应该不大于每 2.5 厘米（1 英寸）8～10 个针脚。过小的针脚会导致线缝的撕裂。合适的机器用针是 16～18 号的三角形或菱形针头。

如果你想用手缝，可以使用从 2～8 号的手套缝针，2 号针用来缝纽扣、边饰或其他细节。

图 7-1　Juki LU 2220N-7 压脚机

图 7-2　压脚机上的针杆

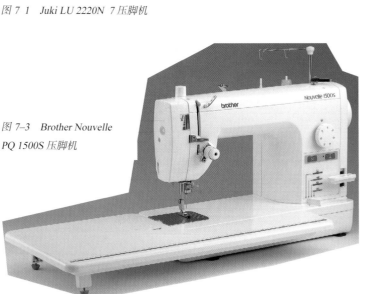

图 7-3　Brother Nouvelle PQ 1500S 压脚机

图 7-4　特氟龙（Teflon）牙、压脚和针板

前页的整版照片：蒂埃里·穆勒 1994 年设计的黑色无吊带皮胸衣和裙子，以缝纫线迹、手工花边接缝作为装饰，并使用了金属饰珠和饰钉。

胶水

胶水用来使接缝平整，消除多余的鼓边。为了获得某种效果，也用胶水给皮子做褶。这样做成的服装漂亮而又有独特风格。

为了在接缝的地方涂胶水，你应该准备一把刷子和一个滚轮（图 7-5）。皮革工厂里用的胶水是白色的胶接剂，在专业供销公司里可以买到。例如，Sobo、Barge、Magnatac 809。有些工厂也用油罐来涂胶水（图 7-6）。

然而，你要考虑的是，干洗会给这些胶水带来什么影响。大多数皮革清洗工会在衣服够得到的地方重新涂胶水，比如底边和接缝。但是，在有褶的地方就涂不了。如果可能，尽量想法把这些涂不到的地方用机器或手工缝起来，设计时要予以注意。

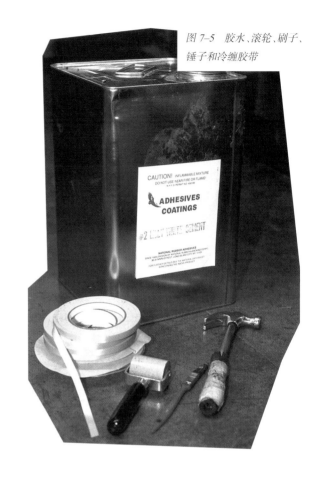

图 7-5 胶水、滚轮、刷子、锤子和冷缠胶带

熨烫

永远不要用熨斗直接熨烫皮革或绒面革。要在熨斗与你要熨烫的衣服之间放一张厚牛皮纸。

避免用蒸汽，也不要用熨烫垫布。把熨斗上的调温设置调到中至低档，平稳熨烫。不要把熨斗不移动地放在一个点上，这样会在皮子上造成永久性的印记。

图 7-6 用于涂胶水的油罐

第8章
衬里与加固

在上一章里，我们讲到了缝纫皮革所需要的特殊设备。这章我们将讲一讲，确保服装质量所需要的一些重要的缝纫技巧，包括使用衬里、夹衬和接缝加固。

衬里

　　夹克尤其需要衬里和加固布，以确保皮革在重要的接缝，比如肩缝的地方不会被拉抻。衬里也能使衣服穿起来更舒服。

　　为皮革服装制作夹里纸样就像为布衣服做夹里一样。皮革衣服比起布衣服来更经常做夹里，因为很多人不喜欢兽皮贴近自己皮肤的感觉。

　　有些皮子，比如羊绒面革，感觉很粗糙，看上去很难看，所以设计师通常加衬遮丑。如果你想做一件没有衬的皮革衣服，那你就要买经过特别加工，内面和外面一样美观的皮革。

　　当你做好细布纸样后，你应该决定是否想用衬里撑起衣服的某个部位。例如，你可能考虑在口袋盖、肩襻、袖口、衣领或兜帽使用衬布。你可能也想在衣服的某个隐藏的地方加衬，比如裙子的内层或军服式大衣的上育克底部。这不仅能节省皮子（和钱），也能使衣服更轻。

杜邦产品

这些产品的重量在 100~200 克（$3\frac{1}{2}$~7 盎司）并且由达康绒（Dacron®）聚酯纤维组成。

薄绝缘	中等绝缘
Thermolite®	Thermoloft®
Microloft®	

高度绝缘
Microloftallofil®
Quallofil®
Hallofil®
Hallofil II®

3M产品

这些产品是由聚烯烃纤维和聚酯纤维组成重量在 40~250 克（$1\frac{2}{3}$~$8\frac{2}{3}$ 盎司），还包括：

薄绝缘	中等绝缘
Thinsulate®	Thinsulate Ultra®
Thinsulate Lite Loft®	

高度绝缘
Thinsulate Lite Loft®

黏合衬

　　根据皮子的重量，你可以通过在衣服里面加衬来增加某个部位的强度。比如，你可以在羊绒面革男式便上装内加一个**经编针织合衬**，使衣服的做工看上去更专业。设计师喜欢用经编针织合衬（而不是非织造粘合衬和机织粘合衬）做衬里，因为穿衣服的时候，编织衬更有弹性。

夹里和填料

　　夹里是用在衣服内层的材料，通常可以保暖。一些生产商给他们的皮外套加入全身或半身的夹里，以提高保暖性能，这些材料被称为填料。两种最受欢迎的填料系列产品是由美国 3M 公司和杜邦公司两个厂家制作的。

　　填料根据手感和期望的衣服外观的需要而选定。一些填料为很薄的一层，只是为了起到绝缘保暖的作用，而另一些填料是为了使衣服有一种蓬松的，仿羽绒的外观。

内衬

　　设计师在所有缝合的接缝和折边都使用内衬，比如口袋盖、口袋贴边、口袋表层、衣领、翻领、腰带、袖口和衣服的前中心。内衬也用于受力部位，像袖窿、领口、拉链、兜口、扣眼、纽扣、底边等。

　　内衬有几种类型。最常用的是**黏合衬**，现在经销的有三种：非织造黏合衬（图 8-1）、机织衬和经编针织衬。为了选择合适的衬，需综合考虑所使用的皮子类型和款式设计。比如，如果设计了一个软而轻的羊皮领，你需要一个软内衬，应该考虑重量轻的机织黏合衬或经编针织衬。

　　一些预制的黏合衬按衣服的使用部位成卷出售。这些方便使用的内衬很适合女衬衫前襟、腰带或袖口。有些内衬上面有标准线，操作员缝起来更容易。

　　有些工厂为衣服上需要加固的地方——例如拉链部位——自己定制各种宽度的非织造黏合衬（图 8-2）。

前页整版照片：爱马仕不仅以柏金包（Birkin）和格蕾丝·凯丽包（Grace Kelly）而知名，还创制了一些引起巨大轰动的皮革成衣，例如，这款 2007 年的棕色皮夹克，搭配以透明薄纱裙。

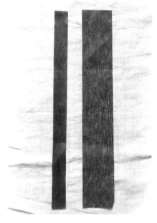

图 8-1　带标准线的非织造黏合衬　　图 8-2　定制的非织造黏合衬

接缝加固

除了内衬，你还可以考虑使用冷缠胶带加固接缝，防止拉伸，尤其当你打算明缝的时候。冷缠胶带有三种宽度：6毫米（$\frac{1}{4}$英寸），9.5毫米（$\frac{3}{8}$英寸）和25毫米（1英寸）（图8-3）。最常用的是9.5毫米（$\frac{3}{8}$英寸）。

冷缠胶带的背面有粘性。缝纫接缝之前先粘胶带。可以粘在前开门、腰带、拉链、袖口、袋口、口袋盖、领子或者任何衣服需要额外支撑的地方。

我们在后面的章节里还要进一步讨论冷缠胶带的用处。下图是胶带在腰带边（图8-4），拉链的缝份（图8-5）和在袖口的边（图8-6）的使用。

图 8-3　三种宽度的冷缠胶带—6毫米($\frac{1}{4}$英寸),9.5毫米($\frac{3}{8}$英寸)和25毫米（1英寸）

图 8-4　腰带边的冷缠胶带

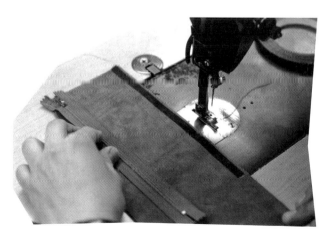

图 8-5　拉链线迹线上的冷缠胶带

图 8-6　袖口边的冷缠胶带

第 9 章
接缝缝制

　　皮革不会散边，根据这个特点，皮革的接缝分为三种类型。你选择哪一种要根据你缝合的位置和你要缝纫的皮革类型。在这一章里我们将看一看这些接缝方式。

接缝选择

如果你是初学缝纫的新手，不会愿意尝试缝纫皮革和绒面革，因为如果出了差错，想藏起重缝的区域是非常困难的。你甚至可能彻底毁了你缝的衣服，因为把没缝好的皮革衣服的接缝拉破，就可能给皮子造成无法弥补的损坏。这个代价太高。即使你是个有经验的缝纫老手，也应该在"动真格"之前，先拿小块皮革或绒面革样布练练手。

既然皮革不会散边，你其实真的不必加工皮革边缘。如果你的设计要求加工，一般情况下留出 9.5 ~ 12.5 毫米（$3/8$ ~ $1/2$ 英寸）的缝份。唯一的例外是缝衣领，衣领缝份要留出 6 ~ 9 毫米（$1/4$ ~ $3/8$ 英寸）。

可选择的接缝方式并不多，但你仍然有几种接缝选择。下面是三种最常见的接缝类型：

（1）分缝黏合缝法。
（2）仿外包缝法。
（3）毛边叠缝法。

关键点

皮革正面　　　　皮革背面

分缝黏合缝法

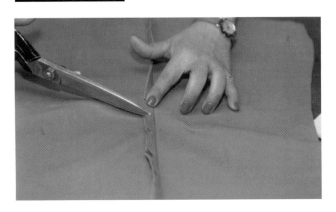

第1步

缝边。如果接缝带有弧度，在缝份上剪口，距缝线不要小于 3 毫米（$1/8$ 英寸）。如果离得太近，当穿着时，衣服会损坏。无压力的接缝，例如，衣领和口袋盖，缝份可以剪的深一些。

第2步

用小油漆刷往缝份上刷胶水，轻轻把缝份分开、粘平。

第3步

用小滚轮（参见第 109 页）把缝份滚压平整。

前页整版设计：这件用皮革与阿斯特拉罕羔羊皮合制的夹克，饰以盘花纽搭扣和袖子上的缝纫线迹细节，是拉尔夫·劳伦 1993 年时装展中的一款，以套口缝合与黏合缝份为特色。

有止口切线的仿外包缝法

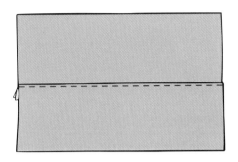

缝边。把缝份折到一边，正面缝布身。

仿外包双缝针或三缝针正面缝法

第1步

缝边。把缝份折到一边。

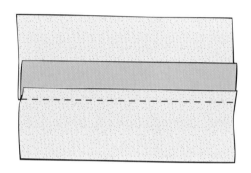

第2步

用双缝针和三缝针缝法缝合的时候，你可能想修剪一下边缝。这个技巧经常用在较贵的衣服上，结果把边缝做出梯形效果，这样可以减少边缝的鼓胀感。用这种方法缝第一道边缝。

第3步

修剪出 6 毫米（$1/4$ 英寸）的上缝边。

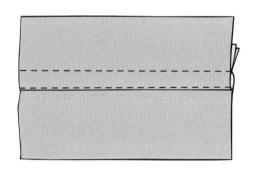

第4步

缝第二道边缝，做成双缝针效果，或者缝第三道边缝，做成三缝针效果。

单毛边叠缝法

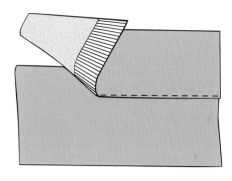

选择一个平整的边。也可以为了装饰的效果把边剪成锯齿形。在缝边背面贴上冷缠胶带，防止正面缝时把面料拉长。单叠缝时需要留出 6 毫米（$1/4$ 英寸）缝份。这样可以做出折边缝效果。

双毛边叠缝法

第1步

双叠缝时需要留出 12.5 毫米（$1/2$ 英寸）缝份。把一边叠在另一边上。

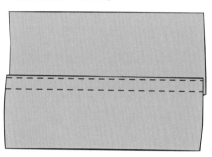

第2步

距毛边 6 毫米（$1/4$ 英寸）正面缝。

第10章
缝制衬衫

　　皮衬衫与任何其他织物制作衬衫的方式是相同的。主要的区别在于一些制作技术以及把较小块的皮革拼接成大样片的工艺。这一章讲一讲如何缝制衬衫。

缝制衬衫

缝制技术包括装领和领座,挂面的应用,绱袖,嵌衬里,做口袋,接缝和正面缝。

关键点

皮革正面

皮革背面

衬里

夹里

冷缠胶带

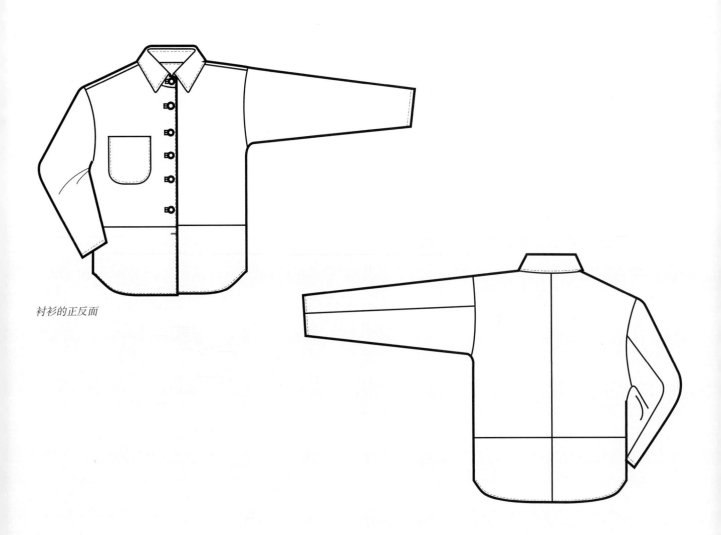

衬衫的正反面

前页整版照片:许多著名人士索求乔丹·贝滕手工制作的皮衣独品。乡村歌星
威利·尼尔森(Willie Nelson)是其中的一个。这是尼尔森2004年穿的无领衫。

衬衫纸样

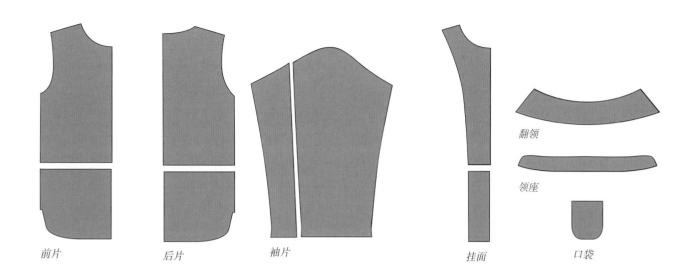

前片　　后片　　袖片　　挂面　　翻领　　领座　　口袋

贴有冷缠胶带的夹里纸样

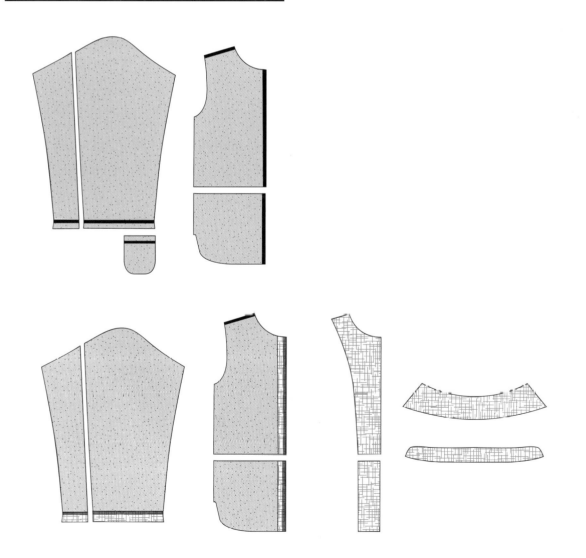

第1步

把冷缠胶带贴在前中心线、前肩线、袖口边和口袋边。

第2步

在前中心线、袖口边加衬。在翻领、领座和前挂面纸样（参见 121 页样片）加衬。

第3步

把前挂面的上下片、衬衫的前后片缝合。把两片袖子缝起来。所有缝份上胶，滚压平整。

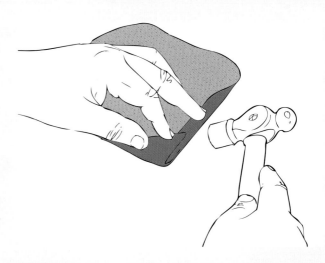

第4步

准备口袋的黏合缝份，把口袋折起，用锤子把边敲平。

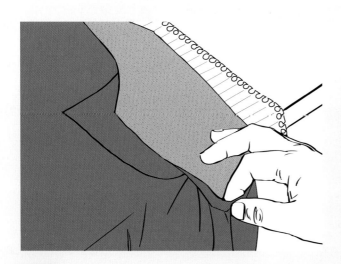

第5步

把口袋缝在衣身上时，可以在衬衫前身下面放一张纸，为了缝纫方便。

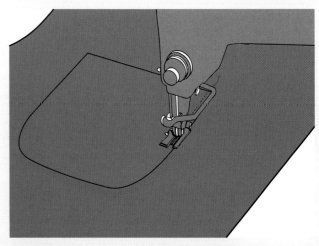

第6步

把口袋缝在衣身上。不要倒回针加固。

第7步

把线穿到背面，打双结。

第8步

贴冷缠胶带，缝合肩缝，把缝分开，上胶，滚压平整。

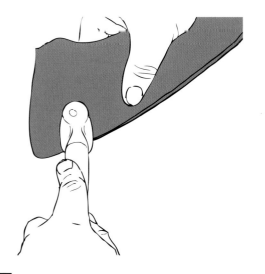

第9步

缝合上下领片，翻面，修整，用锤子把边敲平。

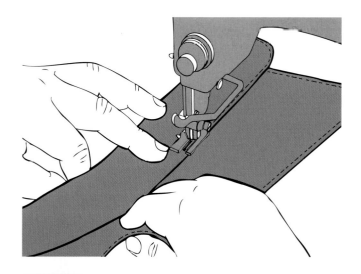

第10步

缝合衣领，然后装进领座。倒缝领座。

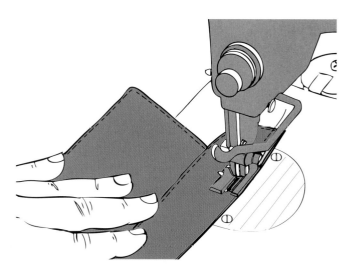

第11步

在领口处缝合领座。

第12步

修整领座的边，在装进领口前，以避免过多的鼓边。

第13步

把衬里和前挂面做合起来，然后缝衬里的前后片。

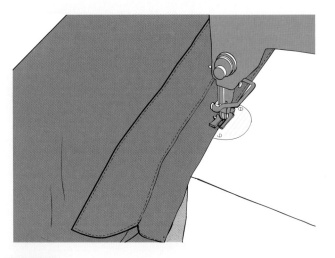

第14步

把衣领、领座和领口缝合在一起。

第15步

把前挂面／衬里连接到衬衫，从前中心线约 7.5 厘米（3 英寸）处开始。绕领子缝一圈，然后往下缝中心线。

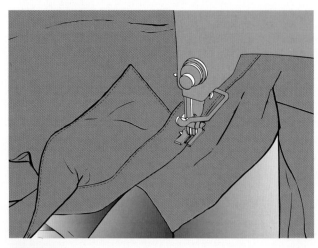

第16步

绕领口倒缝挂面。

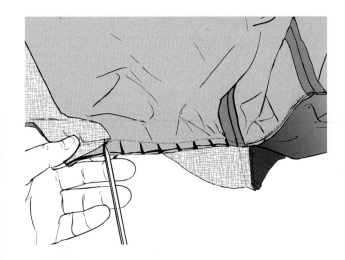

第17步

在领口缝份处依次剪口。

第18步

缝合前后片边缝和袖子的内缝。分缝，上胶，滚压平整。

第19步

把袖子装进袖窿，缝份剪口。

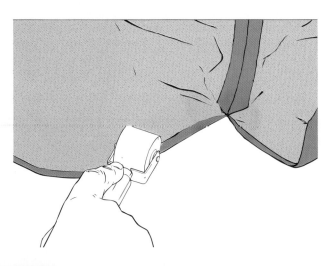

第20步

袖子上胶和折边。如果愿意的话可以正面缝。衬衫缝份折边上胶。折上来，滚压平整。

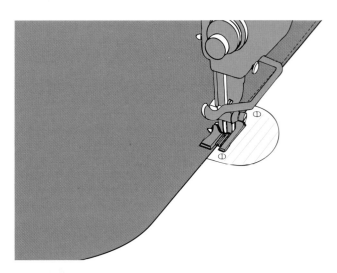

第21步

沿衬衫前襟下摆缝边。缝之前确保缝纫机的面线和底线量充足。

第22步

把挂面粘到衣身上。

第23步

把衬里缝到袖窿上。缝之前可以给袖窿的衬里锁边，也可以在把衬里缝到袖窿之后加斜滚条。

第24步

如果想用包边纽孔，要在第 8 步之前做好（参见 122 页）。也可以参考 144 ~ 145 页第十二章第 1 ~ 第 7 步的纽孔说明。机器钉纽扣或按扣也可以。铆合扣用手套针手工缝纫。

缝制裤子

缝制裤子讲到的技术包括暗门襟结构、缝合裆缝、装拉链、省、口袋、褶、衬里、裤带襻和裤腰的缝纫。

皮革正面　　　　皮革背面

衬里　　　　　　夹里

冷缠胶带

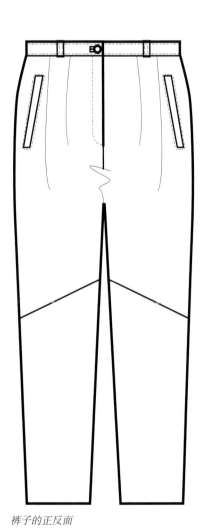
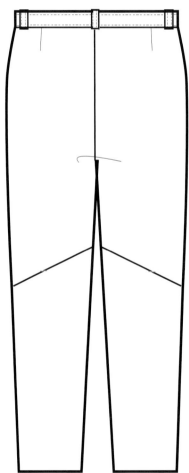

裤子的正反面

前页整版照片：1994 年，薇薇安·韦斯特伍德设计这款粉色皮裤套装，创制了带褶边装饰的及膝裤。

裤子的纸样

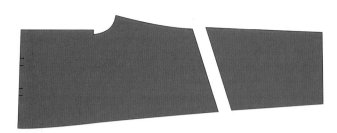

裤前片（左上、左下）

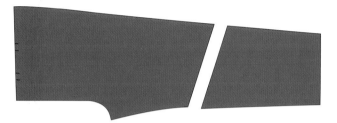

裤前片（右上、右下）

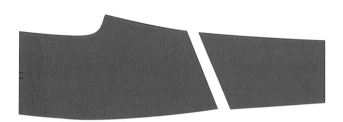

裤后片（上片和下片，未缝合）

裤腰

袋嵌条

门襟叠门

门襟

带襻（未剪）

带贴边的衬里纸样

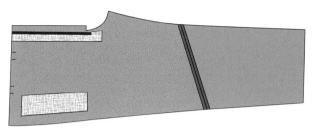

缝合的裤前片（左上、左下）

未缝合的裤前片（右上、右下）

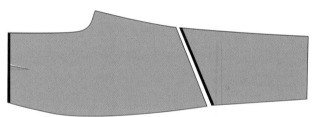

裤后片（上片和下片，未缝合）

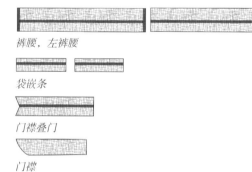

裤腰，左裤腰

袋嵌条

门襟叠门

门襟

带襻（未剪）

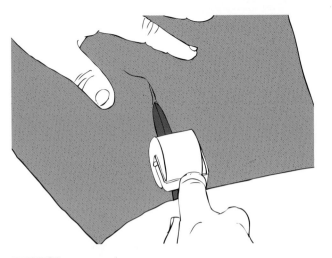

第1步

缝前褶和后省，然后上胶，分缝，滚压平整。

第2步

前后腰、袋嵌条、门襟缝口、门襟片和腰带粘冷缠胶带和上夹里（参见129页样片）。

第3步

在腰带、暗门襟、口袋开口、起口边和门襟叠门上夹里。

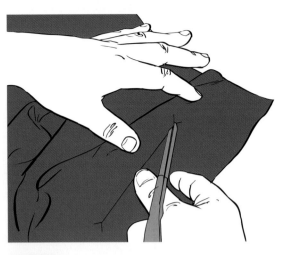

第4步

每个口袋开缝，剪出叉，为做口袋做准备。

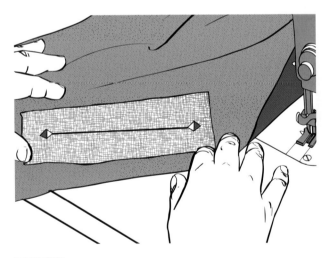

第5步

口袋缝份粘胶，分缝。

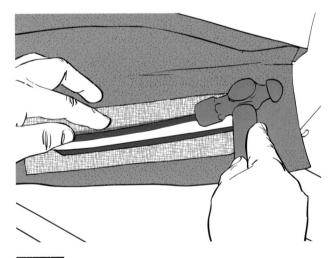

第6步

用锤子把口袋缝份敲平整。

第7步

口袋嵌条和门襟叠门上胶。折起一半，滚压平整。

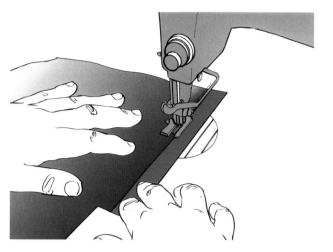

第8步

　　把口袋面布和口袋嵌条接在口袋里布上,倒缝在一起。

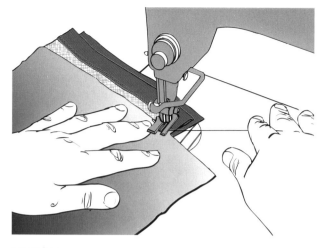

第9步

　　把口袋上边和底边缝起来。

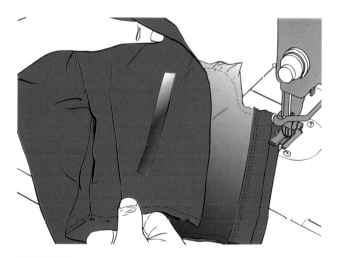

第10步

　　把裤前片放在口袋上。

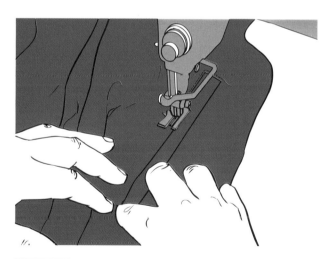

第11步

　　折下上面的口袋曲布,把口袋嵌条的三个边正面缝到裤子上。

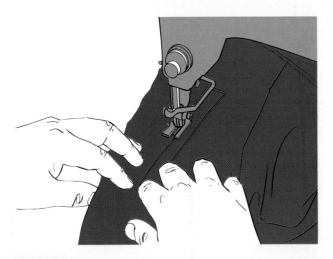

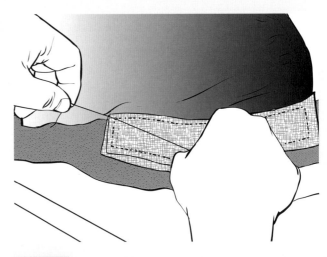

第12步

翻起下面的口袋面布，把口袋的最后一个边正面缝到裤子上。

第13步

缝完这一步时不要倒回针加固，也不要剪断线头。

第14步

把线头穿到背面，打双结。缝口袋上、下边，口袋做完。

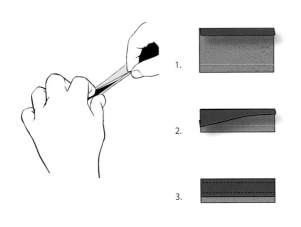

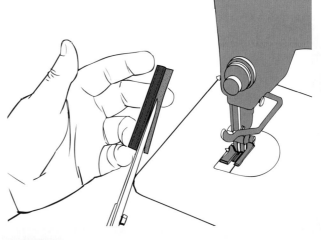

第15步

准备缝带襻：折起 6 毫米（$\frac{1}{4}$ 英寸）→再折，做成 7.5 毫米（$\frac{3}{8}$ 英寸）襻→缝折起的襻边，熨平。

第16步

沿缝边修整缝份。

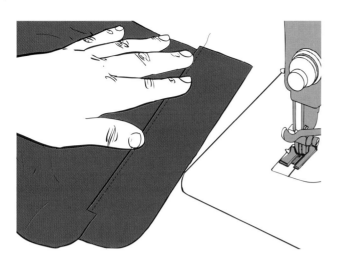

第17步

把带弧度的裤门襟缝到裤子上。

第18步

翻过去，背缝门襟。

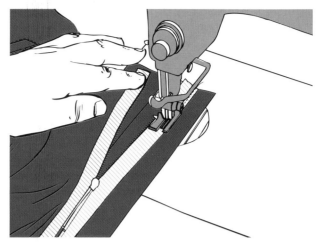

第19步

装拉链缝。

第20步

用胶水把门襟粘到裤子上。

第21步

用铅笔沿模板轻轻划出明线位置。

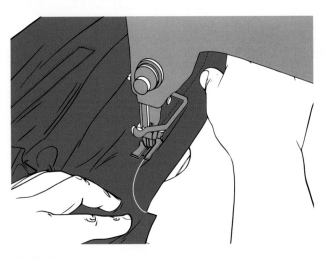

第22步

　　沿标记的线正面缉缝门襟明线。

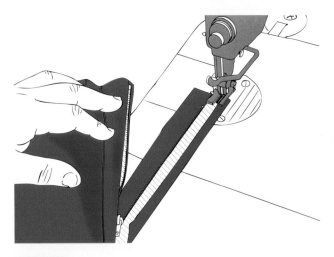

第23步

　　沿拉链贴条的边，把拉链缝到左贴条上。

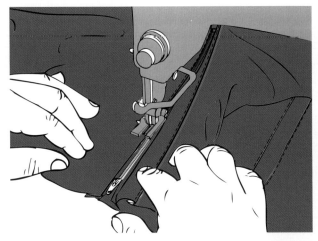

第24步

　　从门襟左边拉链的底部开始，折起一个 12 毫米（$\frac{1}{2}$ 英寸）的缝份，把拉链装缝到裤子上，缝线靠近拉链齿。

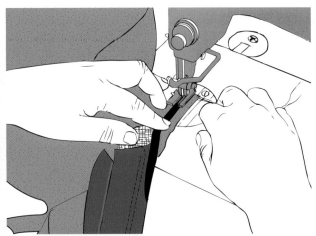

第25步

　　前裆一边贴冷缠胶带，把两前片缝合，从裆处开始缝，缝到拉链底部止。在前裆缝份上打剪口。

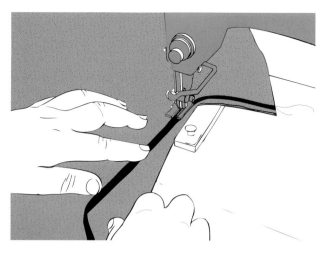

第26步

  后裆粘冷缠胶带，缝后裆。可以使用助缝装置。

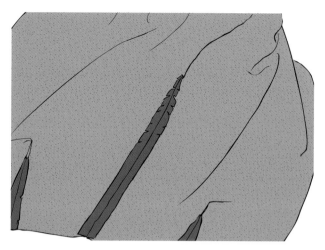

第27步

  在后裆缝份上打剪口，接缝上胶，压平整。

第28步

  缝侧缝，把内缝分开，然后上胶，滚压平整。

第29步

  在腰头上做纽孔（参见 144   145 页第 12 章第 1   第 7 步），在腰头的前中心缝份两边涂上胶水。

第30步

  缝上衬里。

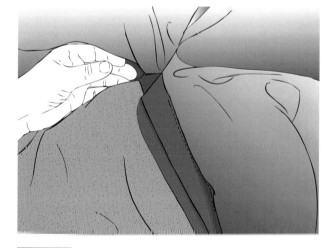

第31步

  把衬里接在左边的门襟叠门上。

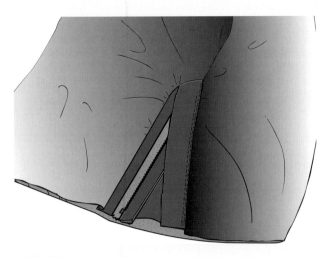

第32步

把衬里接在门襟右边上，与门襟叠门的左边接合。

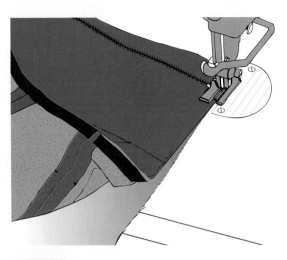

第33步

把衬里缝到裤腰头处。

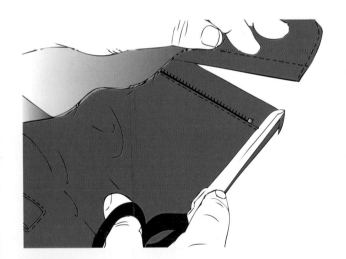

第34步

沿缝份修整腰头边缘，消除此部位的鼓胀折皱。

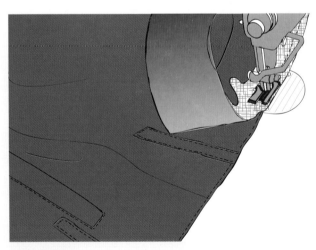

第35步

将串带在裤腰部排好，并将绱好裤腰。

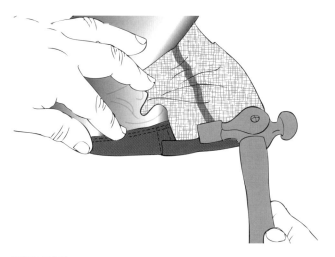

第36步

将裤腰头缝份按前中心线向内扣折，并用锤子敲平。

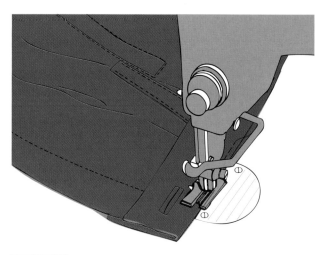

第37步

从前片第一个串带处开始，如图，在整个腰头上缉明线。

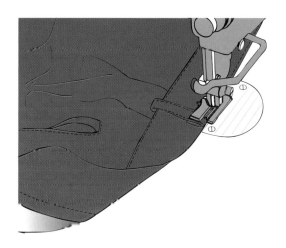

第38步

明线缉缝腰头上口时，同时缝住扣折边的串带上端。

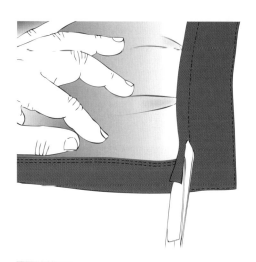

第39步

从反面修整腰头缝份。

第40步

正面机缝衬里边。裤口边上胶并折起，或者上胶后从正面缉缝。用手套针缝纽扣，用纽扣钉加固。熨烫平整。

第12章
缝制夹克

　　皮夹克设计的种类很多，缝纫技术也是五花八门。如果对缝制过程中的某些步骤予以特别注意，你就能缝制出完美的成衣。本章将介绍制作经典飞行员短夹克的一些基本技术。

缝制夹克

缝制夹克的缝纫技术包括开缝口袋、口袋盖、包边纽孔、搭襻、翻领和领座、挂面以及绱袖和装全衬里。制作一件夹克是一个复杂漫长的过程，吸收一些关键缝纫过程可用于其他衣服的制作。他们分解一些简单细节来帮助独立的关键方面。

夹克的正反面

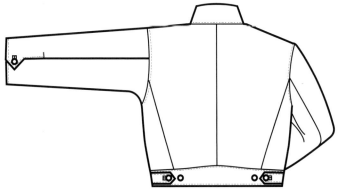

前页整版照片：1994 年，迪奥推出的皮革套装。绒面革衬衫，外套一件棕色剪羊绒大衣，搭配手套和棕色皮裙。

前片

上挂面

下挂面

领面

底领

领座

后片

腰带

腰襻

袋嵌条

上袋嵌条

袋口贴边

上袋口贴边

口袋盖

纽孔嵌条

大袖片

小袖片

袖克夫

粘冷缠胶带和夹里纸样

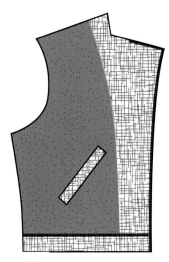

左前片

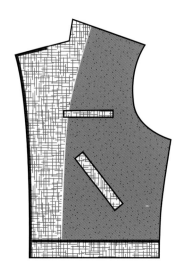

右前片

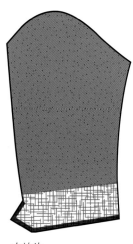

大袖片

小袖片

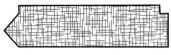

袖克夫

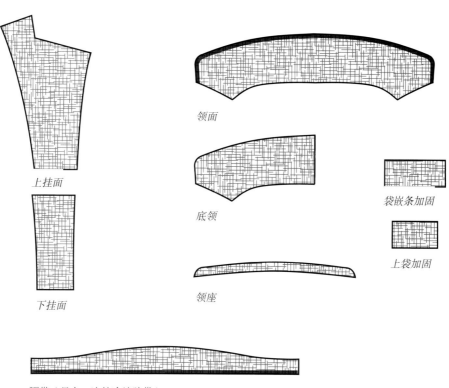

上挂面

领面

底领

袋嵌条加固

上袋加固

下挂面

领座

腰带（只在一边粘冷缠胶带）

腰襻

袋嵌条

上袋贴边

上袋嵌条

口袋盖

袋口贴边

纽孔嵌条

准备缝纽孔

第1步

夹克前身和下摆、领面、腰带（仅一边）和大、小袖边粘冷缠胶带并挂夹里。给领面、底领、领座、袋嵌条和袋口贴边、口袋盖、腰带、腰襻、纽孔嵌条、前身上、下挂面、前中心衣片、前衣片袋口，大、小袖口和袖克夫挂夹里（参见141 ~ 143页纸样）。

第1步

把纽孔嵌带分别剪成独立的嵌条。要剪一个6毫米（$\frac{1}{4}$英寸）宽的嵌条，你的片料要有25毫米（1英寸）长，比纽扣宽度多25毫米（1英寸）。把每个嵌条对折，然后沿中间线缝。再把它们从离边6毫米（$\frac{1}{4}$英寸）处成对缝起来，要折面相对。分缝并用锤子锤平整。

第2步

将所有纸样（前身、口袋盖、腰襻和袖口）上的纽孔剪开，小心地在两头剪出"V"形。

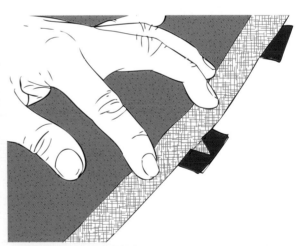

第3步

将纽孔两端的"V"形翻到背面，并缝到纽孔嵌条上。

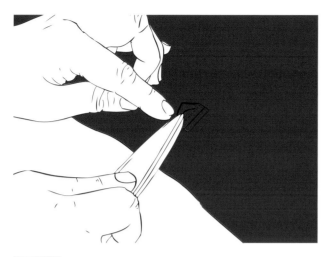

第4步

将纽孔开口处的余下的两边翻下去。

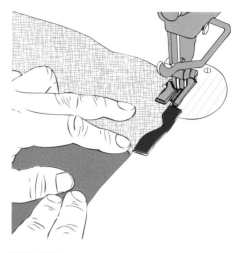

第5步

将纽孔余下的两边缝到嵌条上。

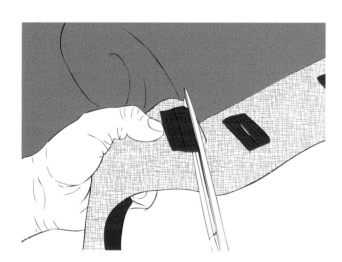

第6步

整理纽孔嵌条的边。

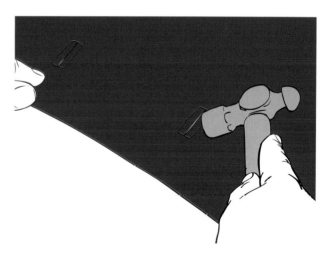

第7步

用锤了将做好的纽孔砸平。

准备缝口袋盖和腰襻

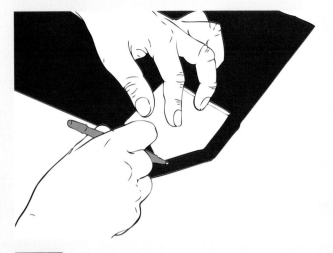

第1步

借助模板标出袖口角位。

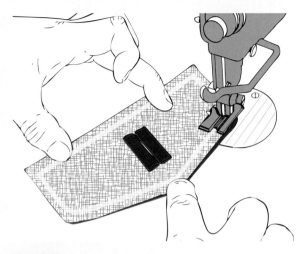

第2步

借助模板画袋盖净样并勾缝口袋盖。

第3步

如图修剪口袋盖缝份，口袋盖尖角处剪出"V"型口。

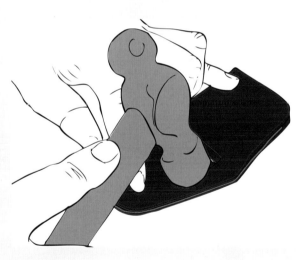

第4步

口袋盖翻至正面，用锤子将口袋盖的边锤平整。

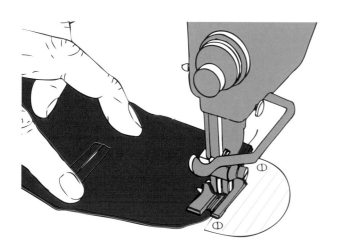

第5步

明线缉缝整个口袋盖。

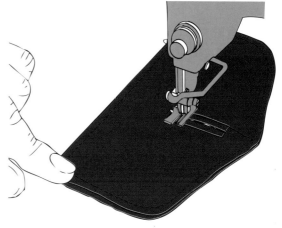

第6步

灌缝纽孔里边。

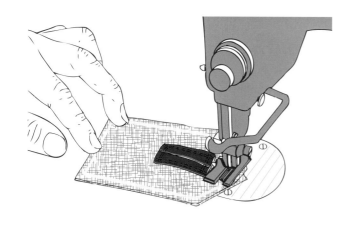

第7步

借助模板标山并缝腰襻。

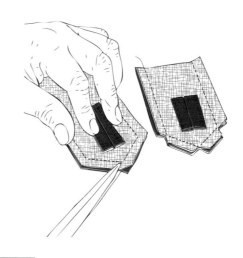

第8步

如图在腰襻缝份上剪山V型剪口。

第9步

整理，翻至正面，绗明线，并锤平整，与前边演示的第2～第6步口袋盖的技术相同。

缝制口袋嵌条

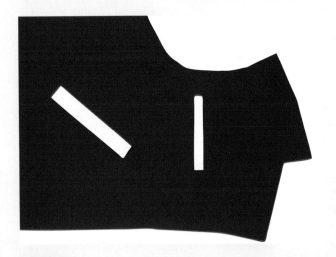

第1步

熨平口袋夹里的加固部位,使之对准背面口袋开槽。小心地切开口袋并翻到下面,涂上胶水(参见130页第11章第4～第5步)。

第2步

上胶后用锤子将口袋开口锤平整。

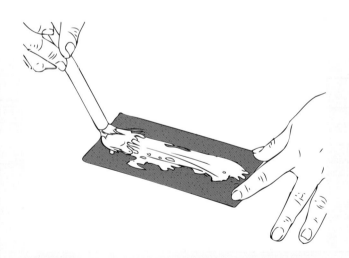

第3步

往嵌条片料上涂胶水。

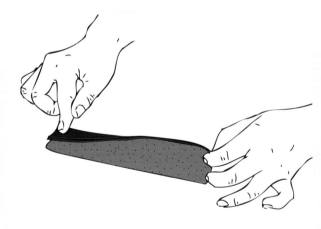

第4步

对折嵌条。

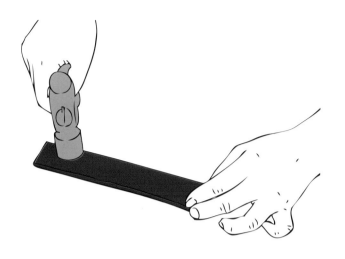

第5步

将嵌条锤平整。

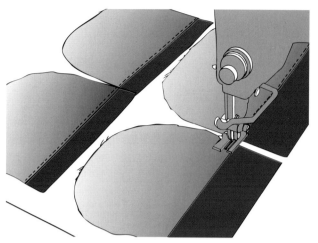

第6步

将袋口贴边和嵌条缝到口袋衬里上，然后背缝。

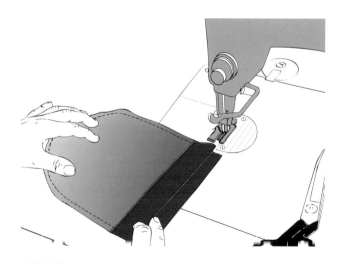

第7步

缝合口袋衬里，从嵌条缝份开始，缝至另一边的同一点。

第8步

将口袋装到口袋开口处，嵌条朝上。

第9步

摆好嵌条位置，使口袋开口对准开口上方。

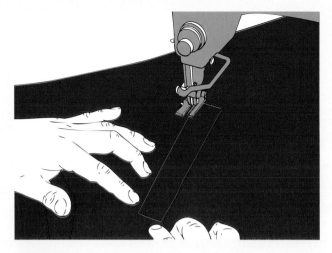

第10步

从角开始，边缝这个带嵌条的口袋开口的边。确认折口袋面边，完全翻折，用正面线迹缝合。

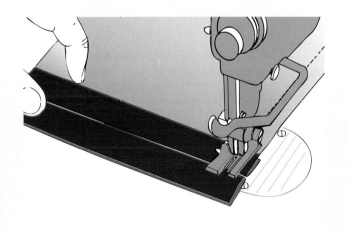

第11步

用准备嵌条的方法（参见前面的第 3～第 4 步）准备上边的口袋嵌条，用缝口袋的方法（第 6 步）把上口袋嵌条和上口袋贴边缝到衬里上。将两片口袋嵌条在两边缝合。不要把口袋衬里的后片一起缝上。

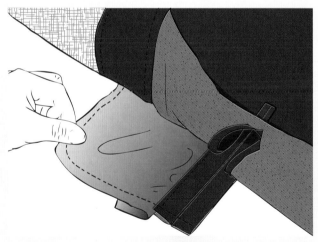

第12步

将口袋装在衣身口袋开口处，使嵌条对准开口的中心。

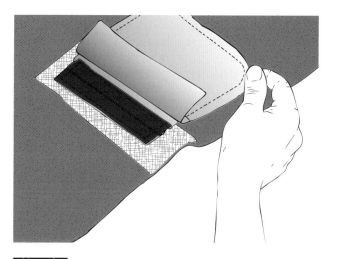

第13步

翻下贴边，缝口袋下面的边。

第14步

从口袋的底角开始缝。

第15步

把口袋盖装进上口袋开口。

第16步

正面缝嵌条的上边，注意不要使口袋贴边卷起。

缝夹克衣身和腰襻

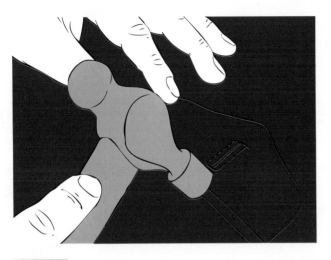

第17步

用锤子把口袋盖和口袋上边锤平整。

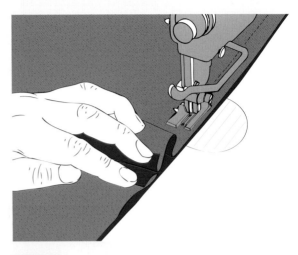

第1步

缝合背中缝。把后片腰带与夹克后身缝合。缝的时候注意折褶。

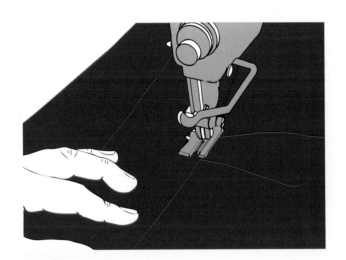

第2步

把腰带贴边和腰带接在一起，边缝腰带。

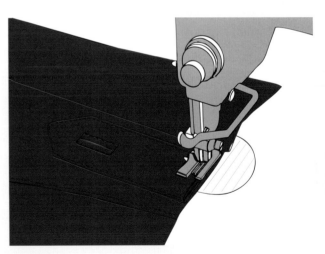

第3步

把腰襻缝在腰带边缝上。

第4步

缝合肩缝。

缝衣领和领座

第1步

把底领片缝在一起。

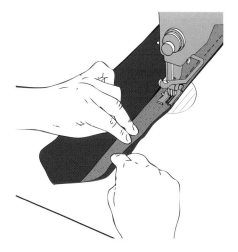

第2步

把底领接到领座上。

第3步

领座缝份上剪口，涂上胶水。

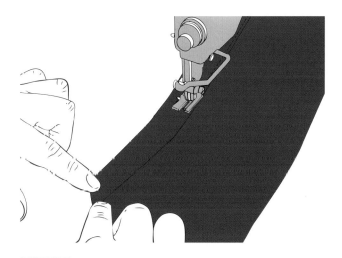

第4步

边缝领座。

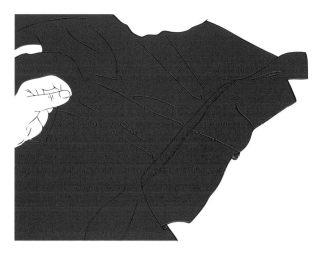

第5步

把底领接到夹克的衣身上。缝至离衣领边 9.5 毫米
($\frac{3}{8}$ 英寸)。

缝制挂面和领面

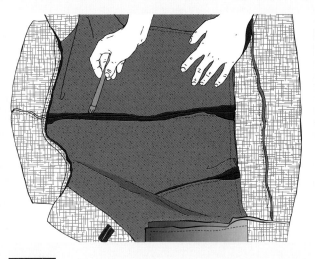

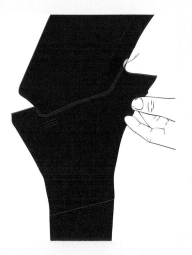

第6步

把所有里边的缝涂胶水，分开，粘平。

把领座缝到领面上，与前面把领子缝到底领上的方法相同（参见153页第2步）。把上、下挂面缝合。把领子缝到挂面上，在这条缝的两边各留出9毫米($^{3}/_{8}$英寸）。

缝袖子和袖口细节

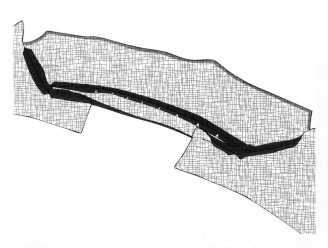

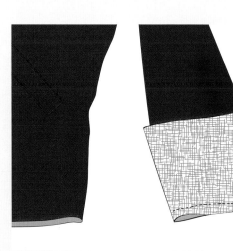

第1步

底领缝份分开后剪"V"形口，在所有的角上涂胶水。

第3步

把袖子贴边缝到袖子上。

第2步

把袖子的上、下片缝在一起。

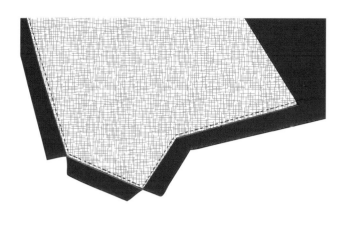

第4步

整理袖衩，剪成时兴式样。

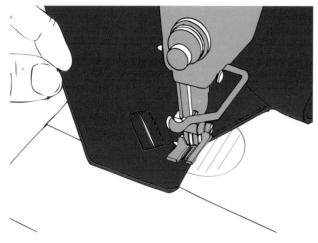

第5步

把袖衩翻过来，锤平整，然后边缝。纽孔灌缝。

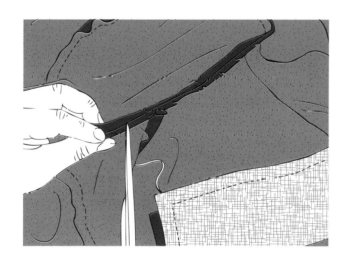

第6步

把袖子缝到袖窿上。缝份剪口。

第7步

缝好的袖子。

缝挂面和衬里

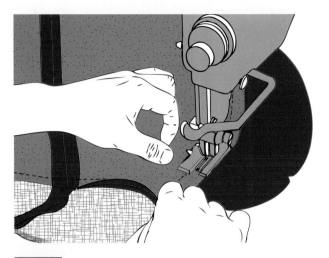

第8步

把垫肩缝到肩缝上。

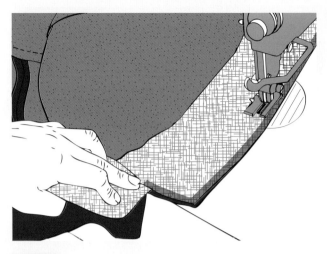

第1步

把挂面接到衣边上。把挂面缝到领嘴下面约 7.5 厘米（3 英寸）的衣身上。继续绕领嘴缝,缝至领圈交叉处,回缝。把缝份翻出来,继续缝衣领,在领子另一面重复这个步骤,一直缝至领嘴下面 7.5 厘米（3 英寸）处。

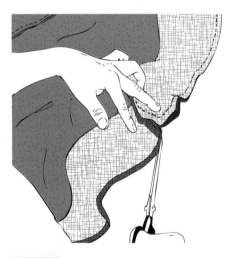

第2步

比较左右前身。如果长度不一致,进行修整。把挂面缝到底边,然后完成挂面。在挂面角处剪口。

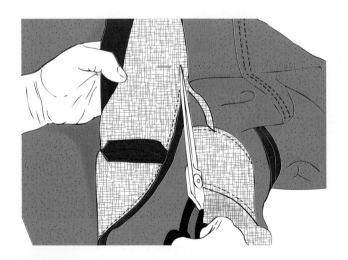

第3步

修整挂面的缝份。

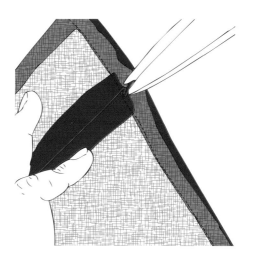

第4步

修整底边和挂面边缝的缝份，减少鼓胀。

第5步

把衣领和挂面翻过来。用锤子把领边和止口锤平整。

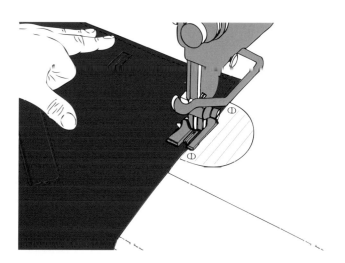

第6步

沿夹克底边 6 毫米（$\frac{1}{4}$ 英寸）正面缝一周。

第7步

缝合衬里。在袖内缝留出 25 厘米（10 英寸）的开口，以便日后衣服能从内面翻过来。

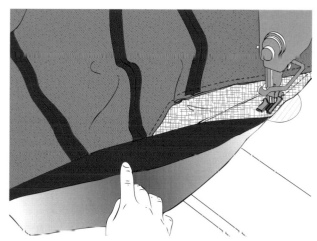

第8步

把衬里缝到衣身下摆。

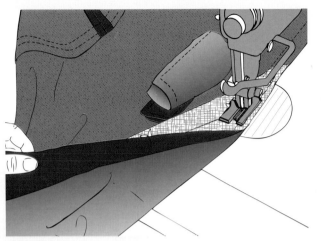

第9步

把下摆的衬里接至两边的领嘴。

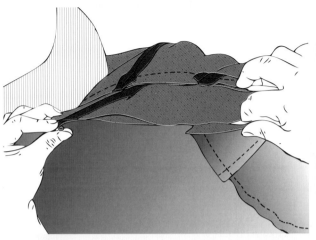

第10步

把衬里缝到领圈上。

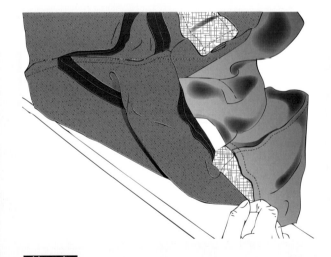

第11步

把袖子衬里缝到袖口上。

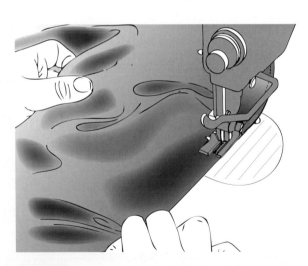

第12步

翻出衣服内面，在袖子衬里内缝处机缝 25 厘米（10 英寸）开口。

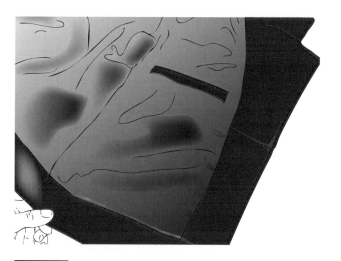

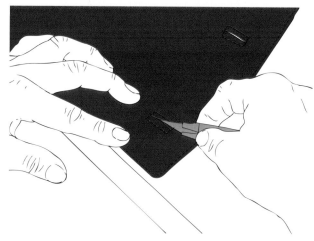

第13步

完成夹克衬里。

第1步

用短刀切开所有纽孔。

第2步

使用手套针，用假缝加固的方法缝纽扣。

第3步

压烫整理好夹克。

第13章
皮革的缺陷

你可以从世界上大约 70 个国家买到用于制作服的皮革。然而，制革厂货运给你的皮子可能带有严的质量问题。在这一章里，我们将给你提出建议，给你如何识别并解决许多最常见的全粒面服装革和面革的质量问题。

基本知识

挑选皮革的时候，有许多的质量监控因素应该特别重视，其中包括颜色、强度和抗磨损、收缩、油渍和水渍、溢油或发霉、异味以及粒纹的瑕疵。

独立检测的重要性

虽然很多制革厂在把皮子货运给生产商之前会进行检测，但是也有很多制革厂不这么做。你应该在裁剪前对你购买的皮子进行检测，并使之成为常规的程序。图13-1是一份皮革检测报告的样本。

辛辛那提大学（the University of Cincinnati）的皮革产业研究实验室是全球最好的检测实验室之一。这所实验室的经验大部分来自诊断皮革成衣（以及生皮）时发现的问题。

皮革产业研究实验室是美国唯一的独立皮革检测室。最大的皮革服装生产商中的许多家，以及最好的美国零售商，都把他们的皮子或成衣送到这个实验室进行检测。本章中大部分对于皮革检测的知识就是由实验室的前技术经理富兰克·H. 拉特兰（Frank H.Rutland）提供的。

你可能也读过杰·J. 坦库斯（Jean J. Tancous）写的《兽皮与皮革的缺陷》一书，书中附有对皮革质量的监控问题和解决办法的描述。

你可能知道，在美国，服装革没有统一的标准或行业规范。产品的标准一般建立在买卖双方对最初生产样品的评估和认定上。所以，这里提出的建议只是基于皮革产业研究实验室的大量经验，不应该认做明确的行业标准。

如何识别和解决重要的质量监控问题

颜色问题

（1）退色。很多人认为，既然服装产品的生命周期及穿着的时间通常比较短，那么抗退色对于服装革来说就不太重要。但是，抗退色在很多时候很重要，例如，那些需要在阳光下长时间展示在零售橱窗里的衣物就是个例子。

富兰克·H. 拉特兰说，他有一次收到一双黑色麂皮鞋。右脚的鞋已经变成红棕色了，他的实验室解释说，颜色的变化是由皮革中的蓝色染料引起的轻微退色。实验室推测，右脚的鞋可能为了展览曾有一段时间从鞋盒里拿出来过。

如果你想在能照到阳光的橱窗里展示一件昂贵的皮革服装，你可以把它送到实验室，检测其潜在的退色问题。实验室也可以用炭电弧或退色试验器检测衣服的抗退色能力。在理想情况下，服装应该能够抵抗至少24小时光照而基本不退色。

（2）摩擦脱色。摩擦脱色是指颜色经过摩擦行为之后产生的物理变化。这对一些服装革来说是相当严重的问题。

制革工人在加工皮子的时候，很大程度上可以通过选择合适的染料和施以适当的染色环境使摩擦脱色问题降至最低。然而，耐磨染料和固色加工程序很昂贵，所以可能出于经济考虑而做出妥协。在美国以外的制革厂尤其如此。

摩擦脱色可以在干或湿两种环境下，通过用标准测试布摩擦皮革，然后用色彩移动值评估颜色变化的程度。为了表示摩擦脱色的抵抗能力，实验室根据AATCC色彩移动值得出干洗不低于4.0,湿洗不低于3.5～4.0的标准。

绒面革还存在另外的摩擦脱色问题。绒面革不仅会像上述所说的那样染料转移，而且会使磨光处理时脱落的小染色纤维扩散。制革工人可以通过磨光后合理去尘的方法解决这个问题。

前页整版照片：2000年，吉塞弗斯·提米斯特（Josephus Thimister）为时装展设计了这款麂皮裙。麂皮遇到摩擦时，颜色容易产生物理变化，这个过程叫做摩擦脱色。皮革可以做脱色测试。使用耐摩擦染料可以解决这个问题。

检测报告

KOREA MERCHANDISE
TESTING & RESEARCH INSTITUTE
459-28 Kasan-Dong, Kumcheon-Gu, Seoul, Korea
Tel：（02）856-5615-17, 19Fax：（02）856-5618, 854-6667

日期：1995-11-24

编号：8121

委托人：KUMHUNG皮革有限公司
样品描述：牛皮　粒面　皮革

检测项目	结果	检测方法
动态防水性能检测		SATRA PM 34
一渗水（MIN）	17	
一吸水（%）	52	
抗拉强度（KGF）	17.2	BS 3144
撕裂强度（KGF）	6.8	BS 3144
收缩温度（℃）	135	BS 3144
pH值	3.7	KS M 6882
干洗色牢度（等级）		BS1006 PART D01
一颜色变化	4	
一色渍（棉布）	2	
磨擦色牢度（等级）		BS1006 PART UK-LG
一干洗（200转）	4~5	
一色渍变化（羊毛毡）		
一湿洗（50转）	4~5	
色渍变化（羊毛毡）	4~5	
光感色牢度（等级）	4以上	AATCC 16A
样品		

图 13 1　皮革样品检测报告

（3）渗色或沾色。这是我们熟悉的问题，在洗衣机里深色服装和白色服装混洗就会出现这种情况。渗色特别指从皮革甲渗出至溶液中的染料转移到另一种面料上的情况。这是由于排汗、洗涤或潮湿的天气引起的，很大程度上可以通过制革工人选择染料和染色环境而加以控制。

从可能在你的顾客发现服装革的渗色（或沾色）问题之前及时预防，你可以在生产之前把一块皮革样品交给质检实验室。实验室将通过用湿测试布挤压皮革的方法进行检测，然后评估颜色转移的程度。检测结果应该与抗摩擦脱色的皮子进行对比。

强度

总体而言，皮革的强度极好。这个特性使得这种材料对大多数终端产品来说其适用性绰绰有余，所以，很少出现皮革制品强度不够的情况。

然而，由于有些服装革太薄，生产商会不时遇到强度问题，尤其出现在针脚抗裂强度方面。

抗裂强度低的一个常见的原因是过度剖层，也就是一张厚兽皮剖开的皮子太薄。牛皮服装革尤其应注意这个问题。兽皮较大的强度在皮子的内层（真皮层），而不在外层也就是粒面层。如果真皮层的大部分在剖层时被剥离，那么不仅皮革强度变弱，而且手感和柔软度也会受到影响。如果真皮的厚度减少到不足皮革整个厚度的一半时，这种情况就会明显感觉出来。

针脚抗裂强度也能直接测量，但是量化的结果就是根据皮革厚度的比例。考虑到这一点，皮革产业研究实验室没有指定一个单一的仅按厚度测算的检测值。一般情况下，皮革产业研究实验室认为，抗拉强度检测考虑了皮革的厚度，是个很好的替代强力参数的检测。对于在服装的应用，皮革产业研究实验室推荐最小的抗拉强度值为每 6.4 平方厘米 1134 千克（每平方英寸 2500 磅）。

抗磨损

一般而言，皮革抗磨损的能力很强。加工过的皮子，其抗磨损的真实水平在很大程度上取决于皮子加工程序的类型，而且制革工人通过使用合适的整理方法也可以将磨损控制到合理的程度。

就微处理皮革或苯胺皮革而言，几乎不用再提高抗磨性能。用这种皮革制作的服装，过度的磨损很有可能只出现在翻边（例如袖口、下摆）的地方，因为这里的皮革经常受到磨擦和拉伸。

抗磨损性能可以用磨耗试验机检测出来。皮革产业研究实验室用 CS–10 磨擦轮和每轮压磨 500 克（$17\frac{1}{2}$ 盎司）重量的皮革，转磨 1000 转后，查看有没有出现磨损的现象（除了经上光处理的皮子有可能失光）。

黏附

成品革，很像做好的家具，常常会出现脱皮的问题。对那些受到严重弯曲的服装革尤其如此。

黏附力不好显然是生产问题，可能由于加工程序不合理，皮革中的油脂成分过高。黏附力很容易检测，只需把一块贴边的黏面黏在皮子的表面，然后猛力撕掉。如果有任何皮面撕下来，黏在了贴边上，你就可以认定存在潜在的黏附问题。

黏附力可以在实验室里进行量化测量，在成品革表面黏一个测试条，然后测量从皮革上撕开需要的力度（欧洲检测法）。这个测试在美国很少用，现在也没有相应的方法。更常用的方法是用测量皮子的耐弯曲强度来确定黏附力。虽然有几种测试仪器，但是最常用的是皮革耐挠试验机。皮革业研究实验室使用的就是这种仪器，他们认为，皮子可以经受至少 60000 挠而不会造成穿透皮革表层的看得见的裂痕。

黏连

另一个与材质相关的问题是黏连。黏连是指皮革自身的黏合。对于这种情况，联邦测试的方法是，把一张皮革对折，粒面相贴，拿起来，放在热源、湿气和压力下。如果实验人员分开皮革粒面时，皮革表面有损伤，说明皮革存在黏连。

黏连也是加工程序的问题。尤其把皮革用于装饰面料时，皮革很可能处于永久性的压力之下，温度和湿度升高后就会黏在一起。黏连与黏附不一样，属于材料最外层的问题。皮革一旦发黏，就会黏住几乎任何接触到的东西。黏附通常是由加工过程中干燥或固化不充分造成的。

不用说，好的服装革应该不会黏连，换言之，两张成品革贴在一起，分开时材料不应该有任何损伤。

抗腐蚀

正像第二章讨论的那样，制革的过程使皮子带有酸性，酸度在 5.0pH，有时低一些。这是很正常的，不会造成任何生产或消费者方面的问题。然而，如果皮革过酸——这也是常有的事情，或者直接与没有保护的、易腐蚀的金属（比如纽扣、铆钉、拉链）接触，皮革就可能腐蚀金属。

为了避免这种情况发生，皮革产业研究实验室建议，皮革的 pH 值应该始终大于 3.5。此外，易腐蚀的金属配饰（部分由铁、铜等制造）应该有某种保护层。

皮革抗腐蚀性很容易测试：将皮革与金属测试块在高湿度下直接接触一个较长的时间，然后观察测试块上是否有腐蚀现象。

收缩

生产商和干洗店最常听到的顾客抱怨是他们的皮衣在店里干洗之后收缩了。干洗业根据测试实验室的测试发布报告，责备生产商使用了劣质兽皮而造成收缩问题。实际上，收缩是干洗本身特有的问题。尤其当干洗店在干洗过程中出现温度过高和发生机械搅动时就会造成收缩。这是因为皮革中的蛋白质纤维，与许多纺织品的纤维一样，在潮湿的环境下遇到高温就容易收缩。

干洗皮革服装时一定要考虑这个问题。因为这个原因，我们强烈建议你把皮衣交给正规的专业皮革干洗店而不是对皮革保养没有经验的普通干洗店去清洗。

油渍

皮革是具有高度吸收能力的面料。正因为此，没有表面防护的皮革很容易吸收皮子的油。时间一长，皮革的颜色就会变暗。皮衣领子的内面周围要特别予以注意。

遗憾的是，油渍和沾污在苯胺革和浅色加工的皮革中十分常见。这种类型的皮革一般要更经常清洗。

为了避免这种情况，生产商在制作皮衣时，可以在衣领内侧缝一个保护衬。也可以选择经过特别鞣制的皮子来避免或减少出现这个问题。近些年来已经开发出高级防油、防水的新型鞣革，在某些情况下，甚至能够水洗。

市场上也出售一些消费者使用的皮革保养产品，用于更大程度上提高皮革服装的防油性能。

脂肪斑

有时，有的皮革表面会滋生出一层白色的淤积物，这层东西被称为脂肪斑。天气比较寒冷的时候更容易出现这种情况，天气稍一变暖，脂肪斑就会消失。

大多皮革都含有大量的油脂，它们是蛋白质纤维的天然润滑剂。鞣制过的皮子通常既有天然的动物脂肪，也有制革工人添加的鞣革油。

柔软的服装革里油的含量高达 20% ~ 30%。有些脂肪和油的成分不"固定"在兽皮中的蛋白质中，如果它们的熔点高于环境的温度，就有可能溢出，并在皮革表面固化。

脂肪斑的样子通常是白蒙蒙的一层。虽然脂肪斑很容易清除，但是遇到合适的温度还会再次出现。

温度稍暖，脂肪斑就会融化，回渗到皮革中。但是这种溶液通常是不持久的。用适度的脂肪溶剂轻处理能使溶液更稳定。然而，这项工作只能由受过训练的专业人员来完成，因为很多溶剂具有毒性，十分危险，可能对皮革造成永久性的损害。你能避免脂肪斑的唯一方法，就是购买用最优化的鞣革油配方处理的皮子。

发霉

皮革的蛋白质及其油脂是很好地防止潮湿生霉的介质。所以在存放皮革服装时要多加注意。

湿的皮革应该在室温下慢慢干燥，不需要任何人工加热。皮革应该储存在干燥通风的地方，不能放在潮湿的地方（如潮湿的地下室），以防发霉。

皮革需要呼吸，不能放入塑料服装袋里存放。服装袋有时像温室，为霉菌的生长提供了最佳条件。

少量轻微的霉，如果发现得早，可用潮湿的布轻轻拭去除。如果发霉严重，可以买一瓶杀真菌剂，往皮子或衣服上薄薄喷上一层。喷的时候要特别小心，以免留下水渍。

可能的话，先在衣服的隐藏部位做个测试。如果都不行的话，应该把皮衣送到专业皮革干洗店进行处理。

水渍

某些苯胺革或者浅色加工的皮革会出现水渍。出现这种情况是因为皮革中含有可溶于水的油脂、染料或其他成分。这些成分在水中溶解后，就会扩散到水湿的地方。皮革干燥后，污渍成分经常留下明显的环形痕迹。

出现这类问题，你或你的客户都无能为力，所以应该尽可能保持皮革的干燥。一些出售的修复保养产品也许能起一些作用，但是也要在衣服的隐藏部位进行认真试用，因为它们可能对皮革的美感产生负面作用。

作为生产商，你最好购买用新型防水、防油污渍鞣革方法生产的皮子。

异味

兽皮中的天然蛋白质有轻微的味道。但是，制革过程中使用的鞣革油和一些加工化学品使皮革制品带有一种特殊的"皮革"味。一般而言，大多数人可以接受这种味道，但是有些顾客可能会对此抱怨。

有时这些怨言只是因为某些顾客对某种味道过于敏感。而有些皮革的"药"味问题与鞣革过程中使用的氯化酚防腐剂有关。这些添加剂是用来防菌抗霉的。

十多年来，在美国和欧洲已经禁用这些产品，但在世界其他地区仍然可以合法买到，并用于某些进口的皮革中。

还有另外一种异味的来源，虽然罕见，但也需要注意。在过去的几十年里，皮革加工已经有了很大的发展，今天大多数制革工人完全使用清洁的现代化学品。但是，情况并不总是如此。在现代化制革时代到来之前，兽皮是用动物排泄物中存在的天然酶进行处理的，这个过程称为大粪脱灰法。世界上一些不发达国家仍然使用这种方法处理皮革，可能其中的一些进入了流通领域，致使这种罕见的异味现象仍然存在。

松面

有些服装革经常会出现皮子粒面外观松弛、粗糙、起皱的现象。实际上这是粒面层与网状层的连接力被削弱而分离的缘故。

导致松面的原因可能是细菌破坏、制革过程中过度的化学处理，或者为了达到想要的外观而过度加工皮革。

服装革要有一定的柔软度，所以比起制鞋或制作配饰的皮革通常要进行更多的化学和机械上的处理，因而更容易出现松面现象。

有些皮子，比如，绵羊皮和山羊皮的粒面，天然比较松弛，这样更容易分离。大多数皮子的腹部一带比其他部位的纤维组织更松，所以也更容易出现褶皱。

总的来说，皮革服装出现松面，责任在生产商，或是购买不当，或是裁剪不当。生产商大致检查一下就会轻易看出哪块皮子日后会松弛。如果避免将生皮上的这些部位用在成衣上，一般就能避免以后出现松面的问题。

外观变化

几乎所有的皮革产品都会出现某种变化，全粒面革的粒面特征变化、绒面革的纳帕特征变化和苯胺革的颜色变化。这些因素以及表面的瑕疵是兽皮内部纤维组织不同导致的自然改变。

这些变化与皮子的特定部位（比如脊椎骨或腹部）、动物的种类、年龄、性别、饲养情况和其他环境条件，甚至季节因素都有关系。例如，粒纹图案的变化对于牛皮革来说就和"翘起来的一绺头发"对于人来说是一样的。虽然这样的变化可能令皮革裁剪师头疼，但是这也正是皮革独有的特征之一。

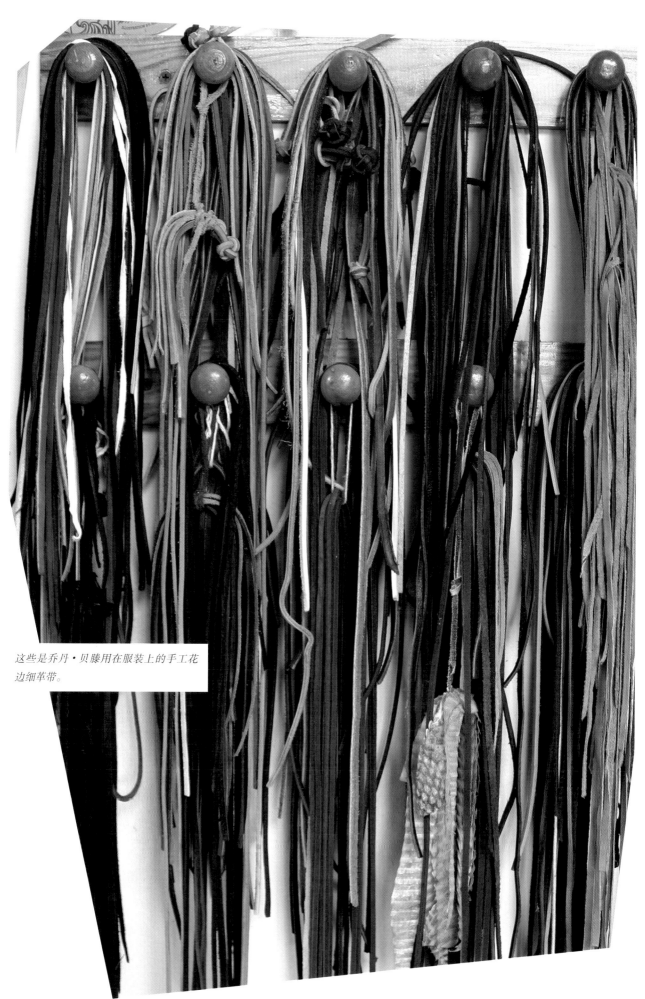

这些是乔丹·贝滕用在服装上的手工花边细革带。

第14章
仿皮革

像很多纺织品一样，皮革也有合成纤维制成的制品。今天，在 T 型台上已经能够看到仿制的皮革，中包括仿绒皮、仿纹皮和仿漆皮，它们的性能与天皮革极其相似。在这一章里，我们将了解它们的历和特性，尤其是缝纫这些织物的工艺技术。

仿绒皮、仿纹皮和仿漆皮

几个世纪以来,人们一直努力仿制皮革的美丽和奢华。已知最早的尝试是大约300年前,一个日本人用纸做的实验。1870年,在织物的基础上生产出一种叫做聚氯乙烯(PVC)的仿皮革,这种材料经过压花后很像天然皮革。20世纪初期,一种用聚合物涂层的塑料制作的人造皮革面世,称为"塑料皮革"。不久,这个名字被用于所有的人造皮革产品,但是并不是所有的塑料皮革都相同。聚氨酯涂层的塑料皮革可以水洗、干洗,并且透气,相比之下,PVC涂层不能"呼吸",且很难清洗。PVC也不能干洗,因为清洁溶剂可能会使其变硬。

第二次世界大战前夕,美国的一些公司,比如固特异公司(Goodyear)和杜邦公司,开始提供出售做鞋的仿皮革面料,但是制作服装用的仿皮革遇到了更大的挑战,因为这种面料要求的柔软度更高。研究了七年之后,供职于日本东丽化工公司(Toray Industries)的科学家冈本三宣博士(Miyoshi Okamoto)利用先进的超细纤维技术研发出一种合成仿绒皮,这是一种柔软的、透气且耐磨的仿真面料。东丽公司起初管这个产品叫做Aquasuede,但是六个月之后,它以超麂皮(Ultrasuede)的品牌名称在美国市场上市。

在一次宴会上,美国设计师候司顿(Halston)发现日本设计师三宅一生(Issey Miyake)穿了一件超麂皮衬衫,他立刻喜欢上了这种面料。候司顿于当年(1971年)的下一季设计出了他的著名连衫裙,之后的1977年设计出了布兰尼夫(Braniff)航空公司乘务员的制服,由此,他独力把超麂皮领入时装市场。

超麂皮可水洗,柔软,色泽牢固,耐拉伸,防缩水。从日本东丽公司可以买到37种颜色的面料。

前页整版照片:2009年秋季时装展上,富贵猫(Baby Phat)使用了多种宝石颜色的超麂皮。这件鲜艳的橘红色军服风格外套表现了织布的良好弹性和柔软的手感。

没过多久，设计师们和他们的顾客就发现，超麂皮与真绒面革相比，有着易于保养的独特优势。超麂皮是由65%聚酯超细无纺纤维和35%的聚氨酯经处理之后织成的面料。这种面料可以机洗，外观华美，手感柔软。它具有抗摩擦脱色、抗起球、耐拉伸、防缩水等性能，并有极强的染色牢度。由于它不含鞣革油，所以不会渗出造成脱色。与真绒面革不同，它非常耐磨，不易出现折皱，不易变形。在欧洲，它被称为欧帝兰。

日本东丽公司出售的制衣仿皮革有37种颜色，三种重量/质量：超麂皮光——1.47米（58英寸）宽，每0.83平方米重0.14千克（每平方码重5盎司）；超麂皮软——1.14米（45英寸）宽，每0.83平方米重0.18千克（每平方码重6.43盎司）；超麂皮优质——1.21米（48英寸）宽，每0.83平方米重0.21千克（每平方码重7.7盎司）。超麂皮软是候司顿曾经使用过的面料质地。

包括比尔·布拉斯（Bill Blass）、安妮·克莱因、安娜·苏（Anna Sui）、富贵猫、特雷西·里斯、爱丽丝（Alice Roi）、迈克尔、马克·蒙塔诺和科斯特洛在内的很多设计师都在自己的服装精品中使用了这种产品。从安娜·苏2001年的魅力十足的前卫无袖无领装到田野之家（House of Field）的华丽的运动装，超麂皮表现出了其广泛的适用性。

候司顿1971年用易于保养的超麂皮制作的连衫裙。随后，这种面料受到设计师和公众的普遍欢迎。

1977年，布兰尼夫航空公司邀请候司顿设计乘务员的制服。候司顿用超麂皮为他们设计了主调为土黄色、混合了军服外衣风格的精美系列服装。

除了超麂皮，东丽公司还创制出叫做超皮革（Ultraleather）的仿纹皮，是一种由70%铜氨纤维和30%的尼龙背衬构成的面料。20世纪90年代中期，东丽将专利权卖给了美国超织物公司（Ultrafabrics，Inc）。

从1964年起，日本株式会社可乐丽公司（Kuraray Co.，Ltd.）与东丽竞争，创制出了自己的叫做可乐丽娜（Clarino）的仿纹皮。可乐丽公司继续以Amaretta为商标销售他们的仿纹皮。他们的仿纹皮由55%尼龙和45%聚氨酯加工而成，面料宽1.29米（51英寸），重量分为两种：每平方米200克（每1.19平方码7盎司）和每平方米325克（每1.19平方码11$\frac{1}{4}$盎司）。Amaretta商标也用于含有60%尼龙和40%聚氨酯类型的仿绒皮，以每平方米120克和180克（每平方码4$\frac{1}{4}$and 6$\frac{1}{3}$盎司）出售。

多年来，各种各样的仿纹皮和仿绒皮进入市场，价位各不相同。总的来说，像Amaretta和超绒皮这种更昂贵的产品，外观与真皮制品十分接近，有时甚至更贵。有些人造皮革可以乱真，甚至逃过皮革专家的眼睛。像范思哲和缪缪这类以真皮为制作传统的公司，也经常涉足仿皮革。

另一个仿皮革的种类是仿漆皮，是一种在织品表面涂层仿制真漆皮的面料。真漆皮一般比较硬，而且不像做装饰品那样适合做服装，这就是大多数设计师不会选用仿漆皮的原因。虽然一些设计师使用了仿漆皮，比如杜嘉·班纳，他们在1995年的时装展上展示了霓虹色泽的仿漆皮裙装，但是由于透气性的原因，仿漆皮更经常地用于制作外衣。真漆皮和仿漆皮会捂住热气，由于皮表上有一层合成涂层，所以这种衣服如果贴身穿的话会感觉有点闷热和湿黏。仿漆皮的价格相差很大，在较低价位的市场很受欢迎，在高档时装中也是一样，比如，伊曼纽尔·温加罗在1988年用仿漆皮设计了色彩鲜艳的夹克系列装。

仿皮革尤其在倡导保护动物权益的设计师中很受欢迎。善待动物组织网站为消费者提供了销售仿皮革服装和配饰的公司名单。他们还为设计师提供了面料援助目录。

安娜·苏2001年设计的方格围裙装，表现了在超麂皮上添加图案的效果。

1995年，缪缪用仿鳄鱼皮再次展示了经典的套装。

1988 年，温加罗制作了
珠光色仿漆皮夹克系列服
装，搭配衣领处浓郁的黑
色天鹅绒，美感十足。

1994 年，范思哲仿漆皮
裙的简约设计与面料的
特性相得益彰。对于这
种人造的不透气织物来
说，"削背"设计使裙子
穿起来更舒服。

制作技巧

制作仿皮革服装时，仔细地进行面料设计、裁剪和缝纫是非常重要的。

织物的要求

仿绒皮的外观很像天鹅绒一类的毛绒织物。剪裁的时候要考虑裁片与面料的天然绒纹相对应，而仿纹皮和仿漆皮可以从两面裁剪，所以你可以像任何其他无绒纹的织布一样做安排。

裁剪

裁剪仿绒皮时，一定要把绒纹朝向一个方向，绒纹顺滑的一面朝下。如果你希望看上去厚重一些，也可以使绒纹朝上。绒纹朝下看上去则更鲜亮一些。所有带图案的片料必须放在同一个方向。仿绒皮的横向纹有一些弹力。仿纹皮和仿漆皮可以朝任一方向裁剪。在仿绒皮上可以使用别针，但不能用在仿纹皮和仿漆皮上。所以，裁剪时最好用重物把纸样压在仿纹皮和仿漆皮上。如果必须用别针，只能别在缝份上，因为所有的针孔都会留下永久的明显痕迹。仿绒皮、仿纹皮和仿漆皮都可以用剪刀或转盘裁刀裁剪。要想充分使用面料，应该单层裁剪，但是也可以用重物压着折叠起来剪。

标记

使用光滑的裁缝用划粉、粉笔或者浅色铅笔做标记。不要用点线轮，因为那样会点穿面料。标记省尖时可以扎个小孔。

绗缝

所有的缝份都要采用疏缝针脚，因为仿绒皮、仿纹皮和仿漆皮会留下针孔。要使用细针。也可以用双面贴边，但不要用任何种类的胶水。

缝边

缝份通常是9毫米（$\frac{3}{8}$英寸），而任何翻边、镶边或卷边的样片，比如衣领、口袋盖和肩襟，缝份应留6毫米（$\frac{1}{4}$英寸）。

仿绒皮、仿纹皮和仿漆皮都不会出现散边，所以不必进行修边。

缝边的时候，注意不要让针距太小，避免产生裂缝。常见针距与针头尺寸见下表。

表 针距与针头尺寸

	织机针尺寸	面缝针	针距	面缝针距
仿纹皮和仿漆皮	针头9～11#	9～14#	每2.5cm（1英寸）8～10针	每2.5cm（1英寸）6～8针
仿绒皮	11～14#	11～16#	每2.5cm（1英寸）8～10针	每2.5cm（1英寸）6～8针

1994 年，范思哲设计出他的由伊丽莎白·赫莉（Elizabeth Hurley）穿后名声大噪的"安全别针"裙装，同年，他设计了这款系着醒目大金纽扣的仿皮挖剪裙。

接缝整理

缝制仿绒皮、仿纹皮和仿漆皮的时候，有三种基本接缝方法可以选择：

（1）传统缝法。

（2）正面缝。

（3）叠缝。

传统缝法

如图所示，缝边、分缝，在背面用熨烫垫布或压板压平（图14-1）。

有时可能需要用双面黏合衬带把缝边粘平（图14-2、图14-3）。

关键点

皮革正面　　　　　皮革背面

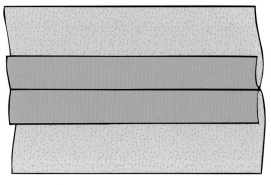

图 14-1　传统的缝边、分缝和压平

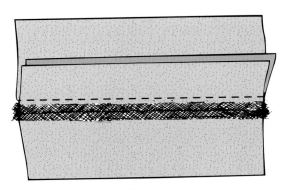

图 14-2　把双面黏合衬带粘在缝边上

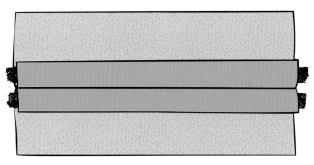

图 14-3　用双面黏合衬带把缝边粘平

正面缝

如图所示，缝边、分缝展平，然后正面缝（图14-4）。或者，缝边，然后折到一边，制造多层缝边效果（图14-5）。或者，把缝份全放在一边，然后正面缝（图14-6）。

开始正面缝前，要确保底线和面线充足。

叠缝

如图所示，把散边放在缝份上，然后正面缝，具有明快效果。剪边的时候要特别小心，因为边缘不平会破坏效果（图14-7）。

有时设计师喜欢在同一件衣服上采用几种缝边方式，尤其在用传统方法缝裆缝或袖窿时显得更顺眼的情况下就更是如此。也可以用齿边剪刀给散边增加装饰效果。

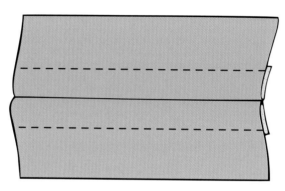

图14-4 分缝和正面缝

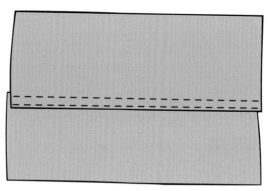

图14-7 搭接叠缝效果

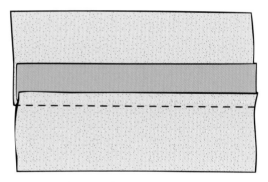

图14-5 多层缝边效果

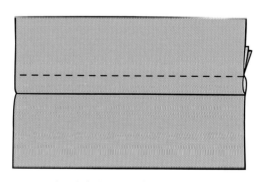

图14-6 把缝份折在一边，然后正面缝

缘边整理

仿纹皮和仿绒皮可以用下面的方法缝边：

（1）散边。

（2）翻边，机器正面缝。

（3）翻边，手缝。

（4）翻边，用双面黏合带固定。

缝线

缝仿纹皮和仿绒皮产品用的最好的线是 100% 涤纶线或者涤棉线。正面缝时两种线都可以使用，但是一定先用小块样布试缝。

衬布

使用防缩水的热熔内衬。一定要把内衬热熔黏合在织物的背面，纹胶面朝下。

接缝注意事项

缝纫仿纹皮和仿绒皮与缝纫真皮衣服是相似的。但是有一些专门的技巧，尤其是使用家用缝纫机——仿纹皮和仿绒皮不像机织纺织品那样能顺畅地通过机器。

（1）特氟龙缝纫机压脚、送布牙和针板有助于面料在机器上滑动（图 7-4，108 页）。如果缝纫机带有双送压脚配件，可以使用（图 7-1，108 页）。

（2）缝纫时在皮料与缝纫机台面之间放一块薄纱或活页纸，有助于面料滑动。这种技巧在缝制明袋时特别有用（参见 122 页第 5 步）。缝纫完成后，只需将纸从接缝处撕掉即可。

（3）保持机器面线和底线松弛。如果遇到跳针，可以换机针。如果缝的边较厚，机器出现跳针，可以在压脚的后端垫一小块纸板或折叠的纸片或布料，使压脚与厚缝边水平，缝制完成后将纸板挪开即可。

（4）要选择线条简单的图案和设计，避免用很多褶皱式样。仿绒皮、仿纹皮和仿漆皮只能在 25 厘米（10 英寸）中放宽大约 2.5 厘米（1 英寸）。

（5）避免使用过多的省，省道应该尽可能地长。不要因为整理省至省尖内里的面料而在省尖缝出侧褶。最好不要在省尖倒回针，可以在终点留足余线系双结。也可以在终点用一点防磨损溶液固定住线结（图 14-8）。

（6）用小片热熔衬加固省尖或裆缝。

（7）去除仿绒皮上多余的针孔，可用蒸汽熨烫衣服，然后用小刷子将绒毛刷起来，盖住针孔。

（8）仿纹皮和仿漆皮会留下针孔，所以要避免拆缝。

衬里

衬里可以用来防止衣服拉伸、遮住衣服内部构造，穿起来也能让人感觉更舒服。如果你决定加衬并需要水洗，要注意使用可水洗的衬里。

熨烫

熨烫仿纹皮和仿绒皮衣服时调至手动低温档。

熨烫仿绒皮时，注意反光烫衣板布套会造成绒面发亮，所以要在熨衣板与面料之间放一块有绒毛的熨烫垫布，或者垫一条毛巾布，也可以垫另一片仿绒面革，一定注意要熨烫面料的背面。在缝份下放几条纸以防止在正面留下印记。

熨烫仿纹皮和仿漆皮时，可以用垫布或牛皮纸从正反面熨。可以用少量蒸汽，但注意不要让熨斗滴水。

熨烫枕、小滚轮和手套式熨垫也很有用，尤其在熨弧形缝的时候（图14-8）。

保养和清洗

推荐保养仿绒皮和仿纹皮的方法如下：

机洗时选择轻柔程序。滚筒低速烘干设置，洗涤后马上拿出来。用不含漂白剂的柔和清洁剂。不要漂白。手洗，阴干。不要搓和拧。分开洗涤以避免串色。轻刷可以恢复绒纹。

仿漆皮不能机洗，因为衣服表面会脱皮开裂。最好干洗，或用软布蘸稀肥皂水轻擦外表面。如果愿意的话，仿绒皮和仿纹皮也可以干洗。

与真皮衣服不同，仿绒皮、仿纹皮和仿漆皮可以放入塑料袋中存放。像储存你的最好的衣服一样，要挂在加衬垫的或木制的衣架上。

图 14-8 :（从最左边顺时针开始）
熨烫模，熨烫手套，滚轮工具，记号粉和铅笔，剪刀和滚轮，双面胶，活脚器和胶水（中间）。

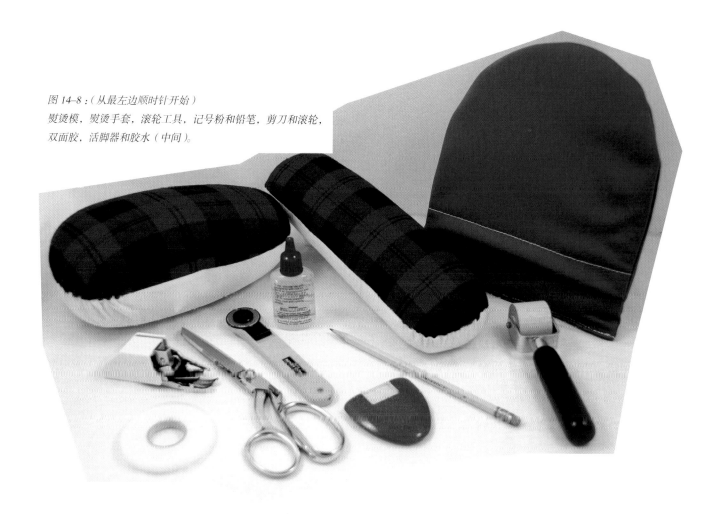

附 录

合理保养皮革服装的方法

保养皮革服装和保养你最好的衣服是一样的，只有以下几点例外：

（1）不要把衣服挂在钢丝衣架上。一定要使用宽肩衣架，以便保持衣服肩部的形状。

（2）不要把皮衣存放在塑料袋里，也不要放在潮湿或光照强烈的房间里。太干燥会造成皮革开裂，潮湿会导致发霉。夏季的几个月里，要存放在凉爽的地方。

（3）如果皮衣湿了，要自然风干，因为用散热器快速烘干会使皮革干透，出现裂纹。

（4）新皮革衣服可以先做防污渍处理，可有效防止出现污渍。

（5）零售店里可以买到皮革清洁剂和皮革软化剂，可以在久穿之后修复皮衣，恢复原样。但是，这类产品用得太多会堵塞皮革的毛孔、抑制皮革的透气性能。可以用轻型清洁剂和皮革软化剂，效果好，也容易使用。注意，所有的去污清洁用品，都要在衣服的隐藏部位如下摆或衣领背面进行小面积测试。

（6）不要在皮革表面使用别针或胶粘带。

（7）不要在皮革服装上直接喷香水和发胶。一般情况下，不要使你的衣服受到污染，因为会造成永久性的毁坏。

（8）不要试图自己擦掉污渍，应到正规的专业洗衣店处理。

（9）下摆可以涂少量皮革专用橡胶胶水固定。

（10）熨烫皮革服装与绒面革服装时要在上面放一张厚牛皮纸，熨斗调至低档，不要用蒸汽。

（11）在进行专业干洗之后，可能会产生颜色和织物质地上的变化，即使由资深的专业人员来洗也会如此。

（12）服装可能会在专业干洗之后收缩，但是穿一穿会恢复正常。

（13）用柔软的干海绵或布清除衣服上的灰尘。买一把专用的绒刷和抛光块来清理牛皮绒面靴的绒面。

（14）只能信任专业皮革干洗店清理你的皮衣。

（15）不要把你的皮衣送到不专业的干洗店，除非他能证明他们经常清洗大量的这种皮衣。大多数干洗店很会清洗纺织品，而对皮革了解不多。

（16）女士穿浅色难清洗的皮革服装时应该考虑戴纱巾，纱巾能防止化妆品和身体脂油弄脏衣服。

（17）如果你想自己清除小面积的轻度污渍，可以用橡皮试一试，但要先在衣服内面做试验，确保橡皮不会损坏皮子。

（18）如果衣服有了褶皱，把衣服挂在衣架上轻轻拉开褶皱，但不要使劲拽皮子。如果拉不开，试着用熨斗熨，但一定要在衣服完全干燥的情况下来做。将厚牛皮纸放在衣服上，要不停地移动熨斗。熨斗调至最低热档。熨皮革时一定不要用蒸汽。

前页整版照片：消逝的艺术手工制作的系列皮革裤装。

书目：服装

服装理论与应用

书　名	作　者	定价（元）
【服装设计】		
服装设计方法论：流程·应变·决策	刘晓刚	39.80
参赛新丝路：国际服装设计大赛全程记录	李小白	39.80
突破与掌控——服装品牌设计总监操盘手册	袁利　赵明东	68.00
设计中国·成衣篇	服装图书策划组	58.00
设计中国·礼服篇	服装图书策划组	45.00
设计中国：中国十佳时装设计师原创作品选萃	中国服装设计师协会	58.00
打破思维的界限：服装设计的创新与表现	袁利　赵明东	68.00
一本纯粹的设计师手稿	袁利	42.00
设计的理念	陈芳	42.00
服装设计基础创意	史林	34.00
创意设计元素	杨文俐 译	78.00
服装延伸设计——从思维出发的设计训练	于国瑞编著	39.80
服装设计：艺术美和科技美	梁军　朱剑波编著	45.00
服装设计：美国课堂教学实录	张玲	49.80
实现设计：平面构成与服装设计应用	周少华	48.00
【时装画】		
实用时装画技法	郝永强	49.80
服装画技法	张宏　陆乐	28.00
解读时装画艺术	邹游	36.00
数码时装画	邹游	42.00
时装画风格六人行（附盘）	王羿 等	58.00
服装画应试	宋魁友	30.00
【款式设计】		
职业装设计	邹游	42.00
鞋靴设计与表现技法	祁子芮	36.00
现代唐装款式精粹	车卫东	29.80
女装款式设计(1)	尚笑梅	88.00
童装款式设计(1)	尚笑梅	88.00
系列男装设计	周丽娅	23.00
系列女装设计	周丽娅	28.00
系列童装设计	周丽娅	28.00
【针织服装设计师系列】		
经编服装设计与案例	沈雷 等	38.00
针织毛衫设计创意与技巧	沈雷 等	36.00
【服装设计师通行职场书系】		
女装成衣设计实务	孙进辉　李军	29.00
服装色彩与材质设计	陈燕琳	32.00
服装设计师手册	陈莹	50.00
品牌服装产品规划	谭国亮	38.00
品牌鞋靴产品策划：从创意到产品	赵妍	42.00

书 名	作 者	定价（元）
【计算机辅助服饰设计教程】		
CorelDRAW 服装设计经典实例教程（附盘）	张记光　张纪文	58.00
Photoshop 鞋靴设计与配色（附盘）	范红香 等	49.80
Illustrator 时装款式设计	黄利筠 等	58.00
CorelDRAW 时装款式画（附盘）	袁良	36.00
Illustrator & Photoshop 实用服饰图案	贺景卫	48.00
PHOTSHOPCS/PAINTER IX 实用时装画	王钧	58.00
【国际时尚设计 时装】		
当代时装大师创意速写	戴维斯	69.80
国际大师时装画	波莱利	69.80
美国时装画技法：灵感·设计	［美］科珀著；孙雪飞译	49.80
经典时装画动态 1000 例	［西］韦恩（Wayne.C.）著；钟敏维　赵海宇译	49.80
人体动态与时装画技法	［英］塔赫马斯比（Tahmasebi,S.）著	49.80
	钟敏维　刘驰　刘方园译	
【国际时尚设计】		
时尚品牌设计	戴维斯	58.00
【其他】		
张肇达时装效果图	张肇达著	68.00
美在东华——2010 届艺术类毕业生作品集	东华大学成人教育学院编	68.00
2009 全国院校童装设计优秀作品集	中国服装设计师协会童装发展中心编	298.00
时装品牌视觉识别	陈丹　秦媛媛	48.00
时装设计表现	项敢	36.00
现代首饰工艺与设计	邹宁馨	35.00
女装设计基础	倪映疆	24.00
首饰设计	刘超 译	78.00
服装色彩设计	李莉婷	36.00
服装情感论	张海波编著	29.80
时间与空间：亚洲知名服装品牌经典解读	刘元风主编	36.00
广告创造：混合素材与跨界实践	彭波　赵蔚编著	48.00
服装品牌性格塑造	罗文惠	49.80
张肇达时装大片欣赏	范学宜	198.00
美在东华：2012 届艺术类毕业生作品集	东华大学继续教育学院编	68.00
亚历山大·麦昆：鬼才时尚教父作品珍藏	［英］诺克斯（Knox,K.）编著；蔡建梅译	88.00
服饰新视界：武汉纺织大学服装学院学术论坛（2011）	熊兆飞　陶辉	48.00
服装实用英语：情景对话与场景模拟（附光盘 1 张）	柴丽芳　潘晓军	29.80
服装导论	乔洪	29.80
创意集成 2012：东华大学服装·艺术设计学院服装艺术设计系 2012 届优秀毕业生作品集	东华大学	128.00
计算机服装智能制造系统中的智能计算与应用	王东云　欧阳玲　王永林	48.00

　　注：若本书目中的价格与成书价格不同，则以成书价格为准。中国纺织出版社图书营销中心门市、函购电话：（010）64168231。或登陆我们的网站查询最新书目：

　　中国纺织出版社网址：www.c-textilep.com